AF557447

WLADISLAW JACHTCHENKO • WOLF RUEDE-WISSMANN

Satanische Verhandlungskunst

WLADISLAW JACHTCHENKO
WOLF RUEDE-WISSMANN

SATANISCHE Verhandlungs-KUNST

Die gemeinsten Tricks aus zwei Jahrhunderten – und wie man sich dagegen wehrt

2. Auflage 2021

Umschlaggestaltung: Sabine Schröder
Satz: Satzwerk Huber, Germering
Druck und Binden: Friedrich Pustet GmbH & Co. KG, Regensburg
Printed in Germany
ISBN: 978-3-7844-3596-1

www.langenmueller.de

Inhalt

Einleitung: Das Böse bekämpfen können

Die Welt wird nicht bedroht von Menschen, die böse sind, sondern von denen, die das Böse zulassen.

Albert Einstein

Die ganze Welt versucht, uns zu guten Menschen zu erziehen. Eltern und Lehrer bringen uns Respekt, Anstand, Wissen und Hilfsbereitschaft bei – und die Gesetze unseres Landes sorgen für ein friedliches Zusammenleben. Einziges Problem: Es gibt trotz dieser edlen Bemühungen dennoch viele Betrüger, Manipulanten, Narzissten, Psychopathen und sonstige »schlechte Äpfel«, die uns das gute Leben mit ihrer Unart verderben. Einige Menschen sind einfach von Natur aus »schlecht« – andere werden durch die Umstände zur Schlechtigkeit getrieben. Diese rücksichtslosen und egomanischen Menschen zu bekehren ist, die Älteren unter uns wissen das, vergebliche Liebesmüh.

Manche dieser durchtriebenen Menschen sind sofort erkennbar und können leicht gemieden werden. Sie pöbeln herum, sprechen nur über sich, hören nie zu, setzen uns unter Druck und wollen ständig etwas von uns, ohne je etwas zurückzugeben. Doch leider gibt es unter ihnen auch geschicktere Genossen: die Wölfe im Schafspelz. Wir nennen sie *satanische Verhandlungskünstler.* Sie sind Meister der Verstellung. Sie nutzen diabolische Taktiken. Sie betrachten uns als Feinde. Sie wollen um jeden Preis gewinnen. Sie nehmen keine Rücksicht. Vor allem aber wollen sie, dass wir uns ihrem Willen beugen, auch wenn wir uns dadurch dauerhaft selbst schaden.

Wer sind diese Menschen? Einige werden jetzt vielleicht zuallererst an skrupellose Politiker, Versicherungsvertreter und Autoverkäufer denken. Doch natürlich manipulieren uns auch unsere geschätzten Führungskräfte, unsere netten Kollegen und unsere geliebten Lebenspartner, die hin und wieder in diese diabolische Rolle schlüpfen können. Natürlich ist es fies und gemein, wenn diese satanischen Verhandlungskünstler mit unfairen Deals andere Menschen für ihre Zwecke ausnutzen. Doch in Anlehnung an das Einstein-Zitat: Die Welt wird in Wirklichkeit nicht vom bösen Verhandlungskünstler bedroht, sondern wir haben es selbst in der Hand, diabolische Taktiken durch unser Wissen zu entlarven und der Manipulation in jeder Verhandlung und in jedem Gespräch ein Ende zu bereiten. Dieses Buch wird den aufmerksamen Leser dazu befähigen, sich gegen moderne wie auch klassische Verhandlungstricks wehren zu können. Manipuliert werden war gestern! Die diabolischen Taktiken können entwaffnet und das Böse besiegt werden!

Eine Warnung vorab: Der moderne satanische Verhandlungskünstler des 21. Jahrhunderts ist kein leichter Gegner. Er nutzt sogenannte »kognitive Verzerrungen«, welche die meisten von uns nicht einmal kennen und die erst vor Kurzem von der Wissenschaft ausfindig gemacht wurden. Was diese kognitiven Verzerrungen sind und wie wir uns gegen diese neuartige psychologische Manipulation wehren können, darum geht es im ersten Teil des Buches. Hierbei wird die aktuellste psychologische Forschung der letzten fünfzig Jahre in den Blick genommen, die der moderne Manipulant für seine Tricks nutzen kann.

Doch es gibt natürlich auch althergebrachte rhetorische Verhandlungstricks des 20. Jahrhunderts, die zu den Klassikern des satanischen Instrumentariums gehören und deren Kenntnis mindestens genauso wichtig ist. Um die fiesesten verbalen und auch nonverbalen Tricks wird es dann im zweiten Teil dieses Buches gehen.

Wirklichen Schutz vor Verhandlungsmanipulationen hat der Leser nur, wenn er die Tricks *beider* Jahrhunderte kennt. Wir – Wolf Ruede-Wissmann, Grandseigneur der Verhandlungskunst und Wladislaw Jachtchenko, Experte der Dunklen Rhetorik – erläutern die wichtigsten diabolischen Taktiken anhand von praktischen Fällen, denen man am Verhandlungstisch begegnen kann – und zeigen, wie man das Böse besiegt.

München, April 2021
Dr. Dr. Wolf Ruede-Wissmann und Wladislaw Jachtchenko

Satanische Tricks
des 21. Jahrhunderts

Die Psyche infiltrieren

Einführung: Böse Absichten, neue Instrumente

Es ist leichter, Menschen zu manipulieren,
als sie zu überzeugen, dass sie manipuliert wurden.

Mark Twain

Es ist schon ziemlich gemein, die Schwächen von Menschen auszunutzen, um den eigenen Willen durchzudrücken. Doch der satanische Verhandlungskünstler des 21. Jahrhunderts geht noch einen Schritt weiter: Er nutzt jene Schwächen der Menschen aus, die sie nicht einmal selbst kennen. Selbst Wochen nach dem Deal ahnen die Opfer nicht, mit welchen Tricks sie um den Finger gewickelt wurden. Doch was sind nun die modernen satanischen Tricks dieses Jahrhunderts?

Das teuflische Instrumentarium hat sich in den letzten Jahrzehnten immens erweitert, und zwar um sogenannte kognitive Verzerrungen. Auch wenn der Begriff etwas sperrig ist, hinter ihm steckt eine revolutionäre Erkenntnis: Unser Gehirn ist voller ausnutzbarer Softwarefehler. Unser Denken ist verzerrt. Unsere Wahrnehmung ist verzerrt. Unsere Erinnerung ist verzerrt. Und das Besondere: Der satanische Verhandlungskünstler ist so geschickt, dass du nicht einmal Monate nach der Manipulation bemerkst, dass deine Psyche infiltriert wurde.

Es gibt heute etwa 200 kognitive Verzerrungen, die von der Wissenschaft experimentell bestätigt wurden. Das Erstaunliche: In jedem meiner Verhandlungsseminare stelle ich den Teilnehmern am Anfang dieselbe Frage: »Kennt jemand von euch eine kognitive Verzerrung?« – und nur selten können sie mit diesem Begriff überhaupt etwas anfangen. Du kannst dir also vorstellen, welch leichte Beute die meisten Menschen für den modernen satanischen Verhandlungskünstler sind! Und Hand aufs Herz: »Wie viele kognitive Verzerrungen kannst du jetzt aus dem Stand nennen?«

Das wirklich Unangenehme dabei: Selbst wenn wir die Verzerrungen kennen, heißt es nicht, dass wir nicht auf sie hereinfallen können. Sie sind in unserem Gehirn so fest eingraviert, dass wir sie nie gänzlich loswerden. Doch erhöht sich mit ihrer Kenntnis die Wahrscheinlichkeit immens, dass wir den Psycho-Tricks nicht auf den Leim gehen.

Schon mal vom »Bias Blind Spot« gehört?

Wir Menschen sind stolze Wesen. Vor allem sind wir stolz auf unsere eigene Intelligenz. Wir schimpfen schon mal auf unser Erinnerungsvermögen, wenn wir den Vornamen unseres neuen Nachbarn nach fünf Minuten vergessen haben. Aber niemand sagt: »Meine Denkfähigkeit ist so fehlerhaft, ich kann überhaupt keine rationalen Entscheidungen treffen!« Oder in den Worten des Philosophen René Descartes:

Der gesunde Verstand ist das, was in der Welt am besten verteilt ist; denn jedermann meint damit so gut versehen zu sein, dass selbst Personen, die in allen anderen Dingen schwer zu befriedigen sind, doch an Verstand nicht mehr, als sie haben, sich zu wünschen pflegen.[1]

Das schrieb Descartes im Jahr 1637. Doch an der Wahrheit seiner Aussage hat sich auch in knapp 400 Jahren nichts verändert. Was sich jedoch verändert hat, ist, dass diese eigene Intelligenz-Verliebtheit einen Namen bekommen hat. Sie heißt *Bias Blind Spot* – oder auf Deutsch »Verzerrungsblindheit«. Diesen schönen Begriff haben Forscher[2] aus Princeton erst vor einigen Jahren geprägt, in Anlehnung an den blinden Fleck unseres Auges. Wir können diesen nicht spüren, doch gerade beim Autofahren hat er eine große Bedeutung. Wenn wir nur in den Rückspiegel schauen und dann die Spur wechseln, kann es sein, dass wir in ein anderes Auto krachen. Deswegen, so predigen Fahrlehrer, sollten wir unseren Kopf nach hinten drehen, bevor wir die Spur wechseln, damit wir nicht Opfer unseres blinden Flecks werden.

Es gibt über 20 000 Fahrlehrer in Deutschland, die auf unseren optischen blinden Fleck hinweisen. Doch wie viele Denklehrer gibt es, die auf die zweihundertfach ausgeprägte Verzerrungsblindheit hinweisen? Nicht viele. Und daher hat der satanische Verhandlungskünstler mit uns leichtes Spiel.

Fast schon absurd mutet es dabei an, dass wir, wie die Forschung zeigt, uns selbst für kaum beeinflussbar halten, während wir andere gerne als leicht manipulierbar hinstellen.[3] Wir sind schon recht hochmütige Wesen! Doch wie heißt es im Volksmund so schön: Hochmut kommt vor dem Fall. Die Einsicht, dass wir verzerrungsblind sind, soll dich aber nicht demotivieren. Im Gegenteil: Sie ist die wichtigste Voraussetzung dafür, demütiger zu sein und den Kampf gegen dieses neue teuflische Instrumentarium aufzunehmen!

Kognitive Verzerrungen – wer hat's erfunden?

Bevor wir nun starten mit den wichtigsten kognitiven Verzerrungen im Verhandlungsprozess, stellt sich die Frage, woher dieses Konzept überhaupt kommt. Die Antwort ist schnell gegeben: Es waren die beiden Forscher Daniel Kahneman und Amos Tverski,[4] die den Begriff *cognitive bias* (kognitive Verzerrung) in den 1970er-Jahren in die Forschung eingeführt haben. Einer der beiden, der spätere Nobelpreisträger Kahneman, macht uns übrigens wenig Hoffnung, wenn er schreibt, dass sich intuitive Denkfehler nur schwer verhindern lassen.[5] Doch schwer heißt ja nicht, dass es unmöglich ist! Deswegen wird in den folgenden Kapiteln immer auch mindestens ein Gegengift gegen jede Verzerrung vorgestellt.

Während jedoch die Forscher in bester Absicht uns auf Denk- und Wahrnehmungsfehler hinweisen wollen, damit wir ihren Effekt zumindest teilweise reduzieren können, möchte der satanische Verhandlungskünstler genau das Gegenteil: Für ihn sind kognitive Verzerrungen der neuste Trend, Verhandlungspartner über den Tisch zu ziehen. Doch nun genug der einleitenden Worte. Es wird Zeit, das aktuelle teuflische Instrumentarium genauer unter die Lupe zu nehmen!

I. Priming: Manipulation durch Vorinformation

Nichts ist im Verstand, was nicht zuvor
in der Wahrnehmung wäre.

Thomas von Aquin

Es ist unglaublich, wie sehr uns Vorinformationen subtil beeinflussen können. Denn Vorinformationen bilden Vor-Urteile. Und wenn der satanische Verhandlungskünstler eine manipulierte Vorinformation in unser Gehirn einpflanzt, entsteht hier ein manipuliertes Vor-Urteil. Und damit ist es dann gar nicht mehr so schwer, uns anschließend zu einem manipulierten Urteil zu bringen. Doch was genau sind nun diese ominösen Vorinformationen, die unsere Urteilskraft benebeln?

Tatsächlich können Zahlen, Wörter, Bilder, Gerüche, Klänge und natürlich auch bewusst gesetzte inhaltliche Assoziationen – und sogar deren Reihenfolge – unsere Entscheidungen auf magische Weise beeinflussen. Fangen wir mit Zahlen an: Hättest du zum Beispiel gedacht, dass allein der Name eines Restaurants dich dazu manipulieren kann, mehr Geld für ein Abendessen auszugeben? In einer Studie[6] hieß das Restaurant einmal »Studio 97« – an einem anderen Tag »Studio 17«. Wo waren die Leute bereit, mehr für ihr Essen zu bezahlen? Natürlich dort, wo die Zahl im Namen des Restaurants größer war! Zur Manipulation durch Zahlen, dem sogenannten »Ankern«, kommen wir später noch zurück.

Man kann Menschen jedoch nicht nur mit Zahlen manipulieren, sondern auch mit Bildern oder kleinen Zeichnungen. In einem anderen Experiment[7] sollte eine Gruppe lange Linien auf ein Blatt Papier zeichnen. Eine zweite Gruppe hatte die gleiche

Aufgabe, jedoch mit der Maßgabe, dass ihre Linien kurz sein sollten. Anschließend sollte jede Gruppe die Länge des Mississippi schätzen. Wo waren die Schätzungen deutlich höher? Natürlich in der Gruppe mit den langen Linien!

Oder wie wäre es mit einer Manipulation durch Klänge? In einer weiteren Studie[8] wurde in einem Geschäft mehr vom französischen Wein gekauft, wenn dort französische Lieder als Hintergrundmusik ertönten. Und bei deutschen Liedern kam der deutsche Wein häufiger in den Einkaufswagen. So viel zum unmanipulierbaren *Homo sapiens*!

Doch kommen wir nun zu einem meiner Lieblingsexperimente zum Thema Priming.[9] Wer hätte es gedacht: Selbst die Reihenfolge der Fragen, die ich meinem Gegenüber stelle, manipuliert ihn immens. Einer Versuchsgruppe wurden diese beiden Fragen in dieser Reihenfolge vorgelegt:

1. Wie glücklich sind Sie zurzeit?
2. Wie viele Dates hatten Sie im vergangenen Monat?

Haben die beiden Fragen denn überhaupt etwas miteinander zu tun? Auf den ersten Blick nicht. So gab es zwischen den Antworten überhaupt keine Korrelation. Was ja auch wenig überraschend ist: Es gibt glückliche Menschen mit vielen Dates und mit wenigen Dates sowie unglückliche Menschen mit vielen Dates und mit wenigen Dates. Doch was passierte, wenn man die beiden Fragen bei anderen Versuchspersonen in genau der umgekehrten Reihenfolge stellte? Machte es einen Unterschied, erst nach den Dates im vergangenen Monat und anschließend nach dem Glückszustand zu fragen?

Du ahnst die Antwort sicher schon: Es machte einen riesigen Unterschied! Diesmal gab es einen hohen Korrelationskoeffizienten von 0,66. Das bedeutet, dass Menschen mit mehr Dates häufig angaben, glücklicher zu sein. Und Menschen mit wenigen

Dates antworteten öfter, unglücklich zu sein. Der Grund, dass so unterschiedlich geantwortet wurde: Die erste Frage war spezifisch und wie eine Linse, durch die der Proband die zweite Frage interpretiert hat. Dadurch war die Anzahl der Dates prägend für den eigenen Glückszustand. Mit spezifischen Fragen vor allgemeinen kann man die gewünschte Antwort also anbahnen oder neudeutsch *primen*.

Das Priming in Verkaufsgesprächen

Jetzt hast du ein gutes Verständnis dafür, dass alles, was vor dem entscheidenden Moment, zum Beispiel einem Kauf, passiert, einen extremen und gleichzeitig unsichtbaren Eindruck auf uns macht. Jetzt wird es Zeit für unseren ersten Verhandlungsfall in der Business-Welt!

Fall 1: Der smarte Small Talk des Versicherungsvertreters
Volker ist Versicherungsvertreter und ein guter Verkäufer. Er besucht zum allerersten Mal einen Kunden, von dem er weiß, dass dieser noch keine Berufsunfähigkeitsversicherung hat. Doch bevor er über die Details und Kosten spricht, fragt er ihn nach seinem letzten Urlaub. Nachdem der Kunde ihm von den wunderschönen Seychellen erzählt hat, trumpft Volker mit einer geschickten Story seiner Freundin Monika auf. Sie hätte nämlich eine Last-Minute-Reise nach Madagaskar gebucht, sich **spontan** für diese Reise entschieden und es **nicht bereut.** Manchmal trifft man **die besten Entscheidungen im Leben ganz schnell.** Hätte die Freundin lange nachgedacht und eine Nacht drüber geschlafen, dann hätte sie möglicherweise den **besten Urlaub ihres Lebens verpasst. Spontan** sei eben manchmal doch besser. Erst

nach dieser Geschichte beginnt Volker dann mit der Bedarfsanalyse des Kunden und den Details zur Versicherung. Er weiß: Durch die smarte Vorgeschichte über die Seychellen hat er den Kunden bereits vor dem eigentlichen Verkaufsgespräch schon quasi in der Tasche.

Wie du richtig vermutest, hat unser Versicherungsvertreter hier das Priming exzellent angewendet. Er hat die Monika-Geschichte erzählt, um beim Kunden die Idee einzupflanzen, dass spontane Entscheidungen gut sind. Hier geht es um die Parallele: Natürlich soll der Kunde sich deswegen auch spontan für die Versicherung entscheiden und würde die Entscheidung, wie Monika ihren Spontan-Urlaub, nicht bereuen.

Dieses Priming im Vorgespräch wird noch intensiver, wenn unser Versicherungsvertreter die Begriffe, die oben hervorgehoben sind, mit seiner Stimme besonders positiv herausstreicht und mit melodisch-fröhlicher Intonation untermalt. Dieses affektiv-assoziative Priming wird der Kunde nie bemerken. Es wird aber mit höherer Wahrscheinlichkeit zum Abschluss führen. Dass Emotionen beim Kauf eine Rolle spielen, ist dir ja sicherlich bekannt. Spannend ist aber, dass beim Priming selbst inhaltlich irrelevante Sachverhalte und Emotionen auf die Kaufentscheidung übertragen werden.[10]

Das Priming der Mitarbeiter durch den Chef

Wir haben also gesehen, dass geschickte Versicherungsvertreter uns durch das Priming unbemerkt um den Finger wickeln können. Aber natürlich kann auch die liebe Führungskraft uns so unbemerkt zu mehr Arbeit motivieren.

Ausgangspunkt für die diabolischen Überlegungen ist wieder eine wissenschaftliche Studie, in welcher die Teilnehmer aufgefordert wurden, aus einzelnen Wörtern möglichst viele unterschiedliche Sätze zu bilden.[11] Die erste Gruppe bekam positive Begriffe wie »erfolgreich«, »Wettkampf« und »gewinnen«, während der zweiten Gruppe neutrale Wörter wie »Lampe« oder »grün« vorgegeben wurden. Als die beiden Gruppen damit fertig waren, gab man ihnen zum Schluss, und nur beiläufig, eine letzte kleine Aufgabe: Sie sollten aus einem einfachen Stück Draht möglichst viele Dinge formen.

Jetzt die Frage an dich: »Welche der beiden Gruppen war kreativer?« Es war natürlich die positiv geprimte Gruppe. Und daraus bezieht unser satanischer Verhandlungskünstler, diesmal in Gestalt einer Führungskraft, seine Inspiration.

Fall 2: Die smarte E-Mail der Führungskraft

Frau Schmid ist unzufrieden mit ihrem Team. In Einzelgesprächen mahnte sie ihre Mitarbeiter zu mehr Disziplin und Eigeninitiative, doch leider vergebens. Bisher appellierte sie an ihre Leute ständig in einem tadelnden Ton und beschwerte sich regelmäßig über ihre schlechten Ergebnisse. Doch nachdem sie vom positiven Priming gehört hatte, schrieb sie eine ganz andere E-Mail an ihre Mitarbeiter: »**Liebes** Team, morgen ist wieder Quartalssitzung, und ich **freue** mich auf eine **effiziente** Sitzung mit euch. Ihr seid **perfekt** vorbereitet, wenn ihr das kurze und **übersichtliche** Memo im Anhang sofort lest. Ich bin sicher, das Memo regt euch zu **tollen** Ideen an, mit denen wir im nächsten Quartal mehr Gewinne einheimsen. Erfolg ist ja die Folge eines kontinuierlichen Verbesserungsprozesses, den wir gemeinsam gehen werden.«

Wenn man Probanden mit positivem Priming zu besseren Leistungen bringen kann, sollten wir natürlich auch darauf achten, wie wir unsere täglichen E-Mails formulieren. Psychologisch gibt es ja einen riesigen Unterschied zwischen der Formulierung »Zur Vorbereitung lesen Sie bitte die Datei im Anhang« und dem, wie flott und positiv Frau Schmid das kurze Memo in ihrer obigen E-Mail angepriesen hat. Das Schöne für Frau Schmid, wenn sie solche E-Mails verfasst, sind aber am Ende des Tages nicht nur die positivere Laune und die bessere Leistung ihres Teams. Das Schöne für Frau Schmid ist auch, dass ihre Mitarbeiter denken werden, sie sei eine kooperative und inspirierende Führungskraft. Dabei will sie ja nur mehr Leistung aus dem Team herauspressen und mehr Gewinn für ihre Abteilung machen. Zum Glück fällt das keinem Mitarbeiter auf. Gegen Freundlichkeit und Positivität kann sich nun mal kein Mensch wehren.

Das Priming des Geschäftspartners

Gerade wenn es um Millionendeals geht, sollte man ganz besonders auf die verwendeten Wörter vor dem Verhandlungsbeginn achten. Denn Wörter verändern nicht nur die Wahrnehmung, sondern auch das Verhalten von Menschen. Es macht also bei großen Summen umso mehr Sinn, das verwendete Vokabular akribisch zu planen.

Falls du noch einen Hauch von Zweifel an der Bedeutsamkeit des Primings haben solltest, hier ein letztes schönes Experiment aus der Forschung.[12] Probanden wurde gesagt, sie würden einen Sprachfähigkeitstest machen. Der Gruppe 1 wurden dabei insgesamt 30 Wörter vorgegeben, aus denen sie dann ihre Sätze bauen sollten. Dabei war die Hälfte der Wörter mit Unhöflichkeit konnotiert, beispielsweise »aggressiv«, »arrogant«, »eindringen«, »stören«, »unterbrechen« und so weiter. Die Gruppe 2 hingegen bekam Begriffe, die mit Höflichkeit in Verbindung gebracht werden, wie »Respekt«, »Ehre«, »vorsichtig«, »geduldig«, »rücksichtsvoll«. Gruppe 3, also die Kontrollgruppe, bekam neutrale Wörter, aus denen sie ihre Sätze konstruieren sollte.

Als alle Gruppen mit dem Test fertig waren, sollten sie den Versuchsleiter im Nebenzimmer aufsuchen und ihre nächste Aufgabe bekommen. Am Ende des Experiments wollte man beobachten, ob sich die Teilnehmer durch das höfliche bzw. unhöfliche Priming entsprechend den vorher zugespielten Wörtern verhalten würden. Der Clou: Der Versuchsleiter im Nebenzimmer gab vor, in ein Gespräch mit einem Kollegen verwickelt zu sein. Jetzt wird es spannend: Hat die auf Unhöflichkeit geprimte Gruppe dieses Gespräch früher unterbrochen? Nachdem du jetzt schon ein paar Studien zum Priming kennengelernt hast, vermutest du sicher bereits richtig: Von den auf Unhöflichkeit geprimten Personen haben das Gespräch insgesamt 67 Prozent gestört – aus der Höflichkeitsgruppe unterbrachen lediglich 17 Prozent. Bei der Kontrollgruppe mit den neutralen Wörtern unterbrachen übrigens 38 Prozent.

Die Wissenschaft spricht eine eindeutige Sprache: Das Verhalten lässt sich direkt von der vorhergehenden Wortwahl manipulieren. Mit diesem Wissen steigen wir in den nächsten Verhandlungsfall ein, bei dem es diesmal um Millionen geht.

Fall 3: Der sehr faire Vorschlag des sehr fairen Geschäftsmanns

»Bevor ich Ihnen mein Angebot vorstelle«, sagte unser smarter Geschäftsmann seinem Gegenüber, »möchte ich betonen, dass ich an einer **langfristigen** Zusammenarbeit mit Ihnen interessiert bin. Für mich zählt bei einer **ehrlichen** Zusammenarbeit das Bestreben, immer eine **Win-win**-Situation zu finden. Deswegen werde ich Ihnen einen **sehr fairen** Vorschlag machen, weil **Gerechtig-**

keit für mich einen der höchsten Werte in einer Geschäftsbeziehung darstellt. Und weil ich möchte, dass Sie von meinem Angebot genauso **profitieren** wie ich.« Danach präsentierte der Geschäftsmann sein Angebot, was schnell und ohne Änderungen auch angenommen wurde.

Im Leben, so ein bekanntes Bonmot, bekommt man ja nicht das, was man verdient, sondern das, was man aushandelt. Preise sind nie objektiv und Angebote nie fair. Was ein fairer Preis ist, darüber sind sich Käufer und Verkäufer naturgemäß uneins. Doch kann man mit dem Priming bei der Interpretation des Angebots nachhelfen und einfach – wie unser Geschäftsmann es vorbildlich getan hat – behaupten, dass das Angebot fair sei. Auch der Hinweis, dass er langfristig kooperieren wolle, ist sehr schlau gewählt. Denn so erweckt er den Eindruck, als würde er nach Unterzeichnung nicht weglaufen. Auch die Betonung einer Win-win-Situation soll auf einen ehrbaren Geschäftsmann und ein faires Angebot hinweisen (dazu später mehr im Abschnitt zur Pseudo-Harvard-Methode). Natürlich werden nicht alle Menschen auf dieses Priming hereinfallen. Aber es reicht ja, wenn einige es tun.

Fassen wir zusammen: Der satanische Verhandlungskünstler weiß also um die starke Kraft eines wirkungsvollen Primings. Er wird nie sofort zur Sache kommen, sondern die Entscheidung seines Opfers anbahnen. Mal mit Adjektiven, mal mit Storys, mal mit Musik, mal mit Videos – auf jeden Fall mit der Vorinformation, die sein Gegenüber gedanklich oder emotional in die richtige Richtung lenkt. Und beachten müssen wir auch: Der satanische Verhandlungskünstler hat viele Gesichter. Nicht nur Politiker, Werbeleute und Autoverkäufer, sondern auch unsere lieben Führungskräfte, unsere netten Kollegen und unsere angebeteten Lebenspartner könnten in diese diabolische Rolle schlüpfen. Gerade bei seinen Nächsten sollte man besonders auf der Hut sein!

Das Priming unter Freunden

Natürlich funktioniert das Priming auch im Privatleben! Wer hat gesagt, dass die satanischen Verhandlungskünstler sich nur im beruflichen Umfeld tummeln? In einem anderen Buch hatte ich schon vor Jahren geschrieben, dass wir in einer »Welt der Manipulation«[13] leben, in der die Manipulationsgefahr besonders von den Menschen ausgeht, von denen wir psychologische Tricks gar nicht erwarten: von Familienmitgliedern, Freunden, Bekannten – und natürlich auch von unseren lieben Lebenspartnern.

Im ersten Praxisfall haben wir gesehen, wie durch eine gut platzierte Vorgeschichte im Small Talk der Kunde geprimt werden kann, eine Versicherung zu kaufen. Und wir haben bereits gelernt, dass sich durch die Reihenfolge von Fragen bestimmte Antworten anbahnen lassen. Der satanische Verhandlungskünstler hat aber noch mehr auf dem Kasten. Denn er kann eine Frage so stellen, dass er sein Opfer durch eine positive Selbstbeschreibung in die Falle lockt.

Schauen wir uns wieder ein schönes Beispiel aus der Forschung[14] an: In einem Supermarkt hat man Menschen gebeten, an einer kurzen Umfrage teilzunehmen. Das Ergebnis: Nur 29 Prozent hielten an und machten dabei mit.

In einem zweiten Versuchsdurchlauf haben die Forscher eine geschickte Vorfrage gestellt: »Würden Sie sich als eine hilfsbereite Person beschreiben?« Nachdem fast alle diese Frage bejaht hatten, wurden sie gebeten, an der kurzen Umfrage teilzunehmen. Die Zustimmungsrate lag jetzt bei satten 77,3 Prozent. Warum es mit dieser Vorfrage funktioniert hat? Ganz einfach: Menschen müssten sich ja selbst widersprechen, wenn sie sich zunächst als hilfsbereit beschreiben und anschließend direkt eine Hilfsanfrage ausschlagen würden. Um diesen inneren Widerspruch zu umgehen, stimmen sie der Umfrage letztlich zu. Menschen hassen es nämlich, sich selbst zu widersprechen, und vermeiden um jeden Preis die sogenannte kognitive Dissonanz. Also lieber ein paar Minuten für eine Umfrage verlieren, als sein eigenes öffentlich aufgestelltes positives Image fallen zu lassen. Und genau daraus ergibt sich auch unser zweiter Verhandlungsfall, diesmal aus dem Privatleben.

Fall 4: Die smarte Vorfrage der Freundin

Susanne möchte unbedingt ein teures Kleid als Geschenk. Sie weiß, dass ihr Freund bei Geschenken über 100 Euro die Krise bekommt. Doch so einfach aufgeben will sie nicht. Was macht sie? Zunächst einmal zählt sie locker beim Frühstück mit ihrem Angebeteten die **Situationen auf, wo er hilfsbereit** ihren Eltern beim Umzug geholfen und ihr einen Urlaub auf Ibiza spendiert hat. Anschließend kommt sie darauf, dass er auch seinem Vater zum Jubiläum ein **teures Bild** geschenkt hat – und nach dieser Aufzählung kommt ihre **Priming-Frage:** »Bist du nicht ein wirklich spendabler, großzügiger Mann?« Was wird der Freund darauf schon sagen können? Natürlich wird er die Frage bejahen. Und sie koppelt ihre Anfrage jetzt noch mit einem versteckten Kompliment, wenn sie sagt: »Hab ich Glück gehabt mit dir! **Übrigens: Da gibt es so ein schönes Kleid,** das ich mir schon lange wünsche... «

Ähnlich wie beim Experiment mit der Umfrage im Supermarkt gibt es keine hundertprozentige Garantie, dass dieses Priming durch die Vorfrage funktionieren wird. Aber wir haben in der

Studie oben gesehen, dass die Zustimmung um das 2,5-Fache gestiegen ist. Heißt also: Die Wahrscheinlichkeit ist groß, dass sie ihr schönes Kleid auch bekommt. Wichtig bei diesem Priming durch vorherige positive Selbstzuschreibung ist, dass der Gefragte sich selbst als positiv, spendabel oder großzügig sieht. Das hat Susanne im obigen Beispiel genau richtig gemacht.

Priming 2.0: technische Manipulation für Fortgeschrittene

Es ist schon schwer genug, die oben beschriebenen Priming-Tricks zu bemerken. Doch was wäre, wenn es eine Möglichkeit gäbe, uns bei einer Verhandlung zusätzlich noch über schnelle visuelle Reize zu primen? Unglücklicherweise kann sich nämlich unser mit allen Wassern gewaschener satanischer Verhandlungskünstler auch moderner technologischer Hilfsmittelchen bedienen. Wie das geht, verrät ein aktuelles Priming-Experiment aus den USA.[15]

Man hat Probanden auf einem Bildschirm Informationen über zwei Länder gezeigt: Moldawien und Slowenien. Hauptsächlich waren es geografische Informationen, wie beispielsweise »Das Klima variiert von Region zu Region« oder »Die Sonne scheint ungefähr 2 000 Stunden pro Jahr« und weitere 13 neutrale Aussagen. Das Besondere: Vor jeder der insgesamt 15 Aussagen wurde genau 23,5 Millisekunden lang ein Bild eines einfachen fröhlichen oder traurigen Smileys gezeigt: ☺ und ☹. Die Wissenschaftler haben in einer Versuchsreihe den positiven Smiley ausschließlich vor den Informationen zu Moldawien gezeigt – und den negativen Smiley ausschließlich vor den Informationen zu Slowenien. In einer anderen Versuchsreihe haben sie es umgedreht, um sicherzugehen, dass der Name des Landes keinen Einfluss auf die anschließende Antwort der Probanden hatte. Anschließend wurden die Probanden gefragt, wie »freundlich«,

»warmherzig«, »großzügig« und »ehrlich« die Menschen des jeweiligen Landes seien.

Das Ergebnis: Die Teilnehmer, die mit positiven Smileys geprimt wurden, haben die Bürger des jeweiligen Landes als viel wärmer beschrieben. Die Teilnehmer, die mit negativen Smileys geprimt wurden, assoziierten die Einwohner jenes Landes weitaus häufiger mit Begriffen wie »aggressiv«, »arrogant«, »dickköpfig« und »humorlos«. Es ist unglaublich, aber allein durch einen kurz eingeblendeten Smiley, den Menschen nur unterbewusst wahrnehmen konnten, waren Forscher in der Lage, bei den Probanden ein positives beziehungsweise negatives Vorurteil zu einem unbekannten Land aufzubauen.

Da die Forscher selbst über das Ergebnis erstaunt waren, wandelten sie ihr zweites Experiment[16] etwas ab, um zu sehen, ob dieses visuelle Priming auch mit Begriffen und Bildern funktionieren würde. Diesmal waren die beiden Länder, die Probanden miteinander vergleichen sollten, Eritrea und Mauretanien. Statt Smileys zu zeigen, nutzten sie jetzt emotionale Wörter (positive wie »Party« und »Kätzchen«; negative wie »Gefahr« und »Schmerz«) sowie positive und negative Bilder, die sie wieder 23,5 Millisekunden vor den Aussagen zum jeweiligen Land einblendeten.

Du kannst das Ergebnis wahrscheinlich schon ahnen: Wieder ließen sich Probanden – für sie völlig unbemerkt – durch schnell aufblitzende Begriffe und Bilder primen und schätzten bei negativen Begriffen und Bildern die Bevölkerung des jeweiligen Landes charakterlich negativ ein, bei positiven Begriffen und Bildern dagegen positiv. Unbewusst ließen sich Menschen also von Smileys, Begriffen und Bildern manipulieren, die ihnen nur Millisekunden lang gezeigt wurden.

Für den satanischen Verhandlungskünstler ist dieses Experiment natürlich ein gefundenes Fressen. Mit moderner Software ist es ein Leichtes, bei einem wichtigen Meeting die Zielperson mit den »richtigen« Begriffen und Bildern zu bombardieren, ohne dass diese es merkt – und dadurch das gewünschte Ergebnis hervorzurufen.

Fall 5: Der technikaffine Immobilienmakler

Immobilienmakler Ingo hat seinem Interessenten drei Objekte gezeigt. Der Kunde hat sie alle bereits zweimal gesehen, doch er kann sich einfach nicht für eines entscheiden. Natürlich würde Ingo am liebsten das teuerste Objekt verkaufen, weil dann die größte Provision fließt. Wie hilft er nach? Ganz einfach: Er lädt seinen Interessenten zu einem Entscheidungsmeeting ein und zeigt ihm die drei Objekte hintereinander. Dabei blendet er vor den beiden billigeren Immobilien für 23,5 Millisekunden Bilder von schlechtem Wetter, Stau und Flugzeugen ein, bevor das Bild der jeweiligen Immobilie für längere Zeit sichtbar wird. Bei der teuersten Immobilie macht er das Gleiche, nur mit Fotos von Sonnenschein, fröhlichen Menschen und positiven Smileys. Natürlich wundert Ingo sich nicht, dass sich der Interessent am Ende des Meetings für das teure Objekt entscheidet. Das Einstellen der blitzartig gezeigten Bilder war zwar aufwendig, aber für eine saftige sechsstellige Provision hat er es gern gemacht.

Dieses Kapitel hat deutlich gezeigt, wie leicht man dich durch Vorinformationen jeglicher Art manipulieren kann. Jetzt stellst du dir bestimmt die Frage, wie du dich gegen dieses Priming – ob in Form von Wörtern, Zahlen, Musik, Storys und Ähnlichem – wehren kannst.

Das Gegengift: Wie wehrst du dich gegen das Priming?

Zunächst die schlechte Nachricht: Weil unser Gehirn nun mal fehleranfällig gebaut ist, wird es nie möglich sein, selbst bei Kenntnis dieser Methode der satanischen Verhandlungskunst, nicht darauf hereinzufallen. Wenn also selbst der Psychologe und Nobelpreisträger Kahneman in unzähligen Interviews wiederholt, dass er sich von kognitiven Verzerrungen nicht befreien kann, worauf sollen dann wir Laien hoffen?

Natürlich macht dich die Kenntnis des mächtigen Priming-Effekts kurzfristig immun. Doch seien wir ehrlich: Nach ein paar Tagen ist die Erinnerung an dieses Kapitel nicht mehr so stark. Was du aber brauchst, ist ein dauerhaftes Gegengift. Gibt es so etwas?

Die gute Nachricht ist: Ja! Gegen das Priming helfen dir sogenannte *implementation intentions*, also konkrete »Umsetzungsabsichten«. Dieses Konzept wurde vor noch nicht allzu langer Zeit in die Forschung eingeführt[17] und beschreibt eine Möglichkeit zur Selbstregulation. Im Gegensatz zu Zielintentionen (zum Beispiel 10 Kilo abnehmen) definiert ein Mensch das genaue WAS, WANN, WO und WIE seines gewünschten Verhaltens in sogenannten Wenn-dann-Aussagen. Beispielsweise könnte jemand, der abnehmen möchte, die folgende Umsetzungsabsicht formulieren: »Wenn ich am Nachmittag Hunger bekomme, dann werde ich eine Möhre essen.« Obwohl wir also in der Werbung vielleicht Bilder von leckeren Chips oder knackiger Schokolade gezeigt bekommen, ist es wahrscheinlicher, dass wir mit dieser Wenn-dann-Aussage zur Möhre greifen, als wenn wir uns einfach nur das Ziel vornehmen. Wenn-dann-Intentionen sind also hilfreich bei der Kontrolle des eigenen Verhaltens. Doch wie können wir diese Einsichten auf das Priming übertragen?

Zum Glück zeigen Studien,[18] dass wir uns mit Umsetzungsabsichten selbst dann vor dem Priming schützen können, wenn wir nicht wissen, ob und wann wir manipuliert wurden. So hat man bei einem Experiment[19] zwei Gruppen von Probanden auf Schnelligkeit geprimt und anschließend getestet, ob sie durch Wenn-dann-Aussagen, also konkrete Umsetzungsabsichten, gegen das Priming immun werden. Konkret mussten zwei Gruppen eine intellektuelle Aufgabe möglichst schnell lösen und anschließend in einem Fahrsimulator Auto fahren. Beide Gruppen wurden also vor dem Fahren auf Schnelligkeit geprimt.

Dabei hat die **erste Gruppe** lediglich eine Zielintention festgelegt, nämlich: *Ich werde nur so schnell fahren, wie es die Fahrsicherheit erlaubt.*

Die **zweite Gruppe** sollte eine konkrete Umsetzungsabsicht festlegen, nämlich: *Ich werde nur so schnell fahren, wie es die Fahrsicherheit erlaubt. Wenn ich mich einer Kurve nähere, werde ich langsamer. Und wenn ich auf eine gerade Strecke komme, beschleunige ich.*

Das Ergebnis? Die erste Gruppe, die lediglich eine Zieldefinition aufgestellt hatte, ist deutlich schneller gefahren und hat im Fahrsimulator mehr Fehler als die zweite Gruppe gemacht. Sich also nur ein Ziel vorzunehmen, hat nicht gegen das vorherige Priming geholfen. Erst wenn Menschen konkrete Umsetzungsabsichten, also *implementation intentions,* formulieren, am besten so konkret wie möglich, können sie sich gegen Priming-Tricks schützen. Was bedeutet das für dich in der Verhandlungspraxis? Dazu der folgende Fall.

Fall 6: Der chancenlose Verkäufer einer Waschmaschine

Peter möchte sich eine Waschmaschine kaufen. Er ist sich nicht sicher, worauf er achten soll. Das Internet liefert zu viele Produkteigenschaften, daher will er sich in einem Elektroladen persönlich von einem Experten beraten lassen. Er weiß, dass der Verkäufer ihm wahrscheinlich eines der teuren Geräte aufschwatzen möchte. Zudem weiß Peter, dass die Umgebung des Ladens ihn auf teure Geräte primen soll, indem diese auf der Ladefläche besser in Szene gesetzt und wertiger beschrieben werden. Wenn Peter sich das Ziel vornimmt, für die Waschmaschine maximal 550 Euro auszugeben, kann es leicht passieren, dass er bei einem »guten« Verkäufer schnell bei 750 Euro landet. Deswegen schützt sich Peter mit einer konkreten Umsetzungsabsicht, indem er sich vorher einbläut: »Ich möchte maximal 550 Euro für die Waschmaschine ausgeben. Wenn mir der Verkäufer eine teurere Waschmaschine anbietet, sage ich ihm noch einmal, dass ich maximal 550 Euro ausgeben möchte.« Gesagt, getan. Der Verkäufer hatte gegen Peters konkrete Umsetzungsabsicht keine Chance.

Natürlich wirst du nicht für alle Lebenssituationen Wenn-dann-Aussagen formulieren können und wollen. Schließlich sind wir ja keine Roboter. Doch empfehle ich dir dringend, vor wichtigen Verhandlungssituationen und Kaufentscheidungen ganz konkrete Umsetzungsabsichten über das WAS, WANN, WO und WIE zu formulieren, am besten sogar auf einem Blatt zu notieren – und nicht mehr auf das Priming des satanischen Verhandlungskünstlers hereinzufallen.

II. Motivated Reasoning: Mit Wunschdenken beeinflussen

Die Menschen glauben fest an das, was sie sich wünschen.
Julius Caesar

Der satanische Verhandlungskünstler manipuliert uns nicht nur mit klug gesetzter Vorinformation, sondern mit unseren eigenen Wünschen und Träumen. Das Gute für ihn: Alle Menschen haben Wünsche und Träume. Er muss sie nur in einem Vorgespräch erfahren und anzapfen – und schon läuft die Verhandlung ganz in seinem Sinn. Dabei nutzt er eine kognitive Verzerrung, die in der Forschung als *motivated reasoning* bezeichnet wird.[20] Dieser Begriff beschreibt die Tatsache, dass Menschen durch eine vorhandene Motivation ihr Denken in eine bestimmte Richtung lenken, damit sie das von ihnen gewünschte Endergebnis bekommen. Oder umgekehrt formuliert: Menschen wollen keine Argumente suchen, die zu Schlussfolgerungen führen, die sie nicht akzeptieren möchten.

Diese kognitive Verzerrung ist verwandt mit dem sogenannten Bestätigungsfehler (*confirmation bias*), bei dem wir bevorzugt jene Informationen konsumieren, die unsere Sichtweise bestätigen. Es ist ein alltägliches Phänomen: Konservative Wähler lesen bevorzugt konservative Zeitungen. Liberale Wähler lesen bevorzugt liberale Zeitungen. Und so wird die eigene Sichtweise immer weiter bestätigt. Alternative Sichtweisen möchte der Mensch in der Regel ausblenden, weil sie das eigene Meinungssystem stören.

Das *motivated reasoning* kann man als die nächste Stufe des Bestätigungsfehlers betrachten, weil es nicht bloß um die Suche nach Informationen und deren Interpretation geht, sondern um das eigenständige Konstruieren von Argumentationsketten, bei denen aber das (gewünschte) Ergebnis von vornherein feststeht. Wir selbst konstruieren Gründe für eine These, deren Wahrheit wir unbedingt bestätigen wollen – auch wenn es Gegenargumente gibt. Diese blenden wir aus, weil wir ja nur eine bestimmte Schlussfolgerung tolerieren wollen. Wie lässt sich nun diese kognitive Verzerrung in einer Verhandlung gegen uns einsetzen?

Die beiden Manipulationsschritte beim »motivated reasoning«

Der satanische Verhandlungskünstler wird im ersten Schritt unsere Motivation auf einen für ihn günstigen Wunschzustand lenken und uns weismachen, dass es unser eigener Wunschzustand ist. Im zweiten Schritt wird er uns beim Bauen der Argumentationsketten für diesen Wunschzustand helfen. Denn ein ganz wichtiges Prinzip ist jedem fiesen Verhandler klar: Menschen können sich nicht gegen Argumente wehren, die von ihnen selbst stammen!

Fall 7a: Der Online-Marketer und seine Vision für einen Kunden

Melanie möchte als Yoga-Lehrerin erfolgreicher sein. Sie gibt aktuell Yoga-Stunden an der Volkshochschule, doch der Stundensatz dort ist ihr zu gering. Sie möchte versuchen, mithilfe von Facebook-Werbung eigene Teilnehmer für ihre Kurse zu finden, und eine höhere Kursgebühr verlangen. Auf der Suche im Internet stößt sie auf den Online-Marketer Olaf, der sie wie folgt motiviert: »Melanie, ich sehe bei dir sehr **viel Potenzial.** Mit kluger Facebook-Werbung wirst du mit meiner Hilfe zum

Leuchtturm der Yoga-Branche. Du wirst die Yoga-Lehrerin **Nummer eins in Deutschland.** Du siehst gut aus, hast bereits zufriedene Teilnehmer – jetzt können wir dich, mit etwas Werbebudget, **deutschlandweit bekannt** machen. Schon nach ein paar Wochen kannst du dich **vor Anfragen gar nicht mehr retten!** Was denkst du, wie sollen wir dich am besten präsentieren? Mit Fotos und Videos?«

Ist das nicht ein traumhafter Wunschzustand? Wie kann Melanie da widerstehen? Die Nummer eins in Deutschland? Das ist eine so attraktive Vision, dass kein Selbstständiger sich davor schützen kann. Denn wer will nicht der Leuchtturm seiner Branche sein? Was bei diesem Beispiel besonders deutlich auffällt ist, wie Olaf durch treffende Begriffswahl Melanie diesen Wunschzustand verkauft. Die schöne Metapher des Leuchtturms, der paradiesische Zustand der zahllosen Kundenanfragen – da wird fast jeder schwach.

Wichtig ist auch Olafs letzte Frage: Hier soll Melanie selbst ins Nachdenken kommen und sich Argumente überlegen, die für Fotos oder Videos sprechen. Sie wird sich die Werbung nun bildlich vorstellen. Der kognitive Prozess wurde also von Olaf durch eine emotionale Vision auf ein bestimmtes Ergebnis hin ausgelöst. Und wenn er seine diabolische Arbeit gut macht, dann wird er Melanies Argumenten vorbehaltlos zustimmen. Er wird sie für ihre Ideen loben und ihre Argumentation gutheißen.

Dass nicht mal er mit all seiner Erfahrung vorhersagen kann, ob die Facebook-Werbung profitabel sein wird und Melanie gut zahlende Kunden findet, wird er geflissentlich verschweigen. Seine Arbeit ist hiermit getan. Melanie ist begeistert von »ihren« Ideen und »ihrer« Zukunftsvision.

Neueste Forschungsansätze[21] sprechen dafür, dass dieses motivierte Denken sich im Gehirn in anderen Regionen abspielt und qualitativ anders ist als unemotionales, rein analytisches Denken. Und tatsächlich ist es ja eine ganz andere Art des Räsonierens, wenn ein Mensch, emotional durch ein Wunschziel angestachelt, seine Argumentation mit aller Kraft in eine bestimmte Richtung biegt und alles, was dagegenspricht, ausblendet. *Motivated reasoning* verblendet uns Menschen manchmal so stark, dass wir gemäß einer Studie[22] Gegenargumente nicht nur ausblenden, sondern diese dazu führen, dass wir unseren eigenen Argumenten noch mehr Glauben schenken. Es ist eine Art Abwehrmechanismus, bei dem wir uns mit aller Kraft an unsere eigenen Begründungen klammern. Trotz gegenteiliger Information. Erst dann, wenn die gegenteilige Information überwältigend wird, geben wir unsere eigenen geliebten Argumente auf. Doch unser satanischer Verhandlungskünstler wird schon dafür sorgen, dass gegenteilige Begründungen für uns erst gar nicht sichtbar werden.

Wie wehrst du dich gegen das »motivated reasoning«?

So wie die Bienen vom Nektar, so wird auch unser Gehirn von unserem Wunschzustand angezogen. Wenn wir schon mal einen Wunschzustand definiert (bekommen) haben, können wir uns kaum dagegen wehren. Das Gegengift? Es ist ausgerechnet ein alter Grundsatz des römischen Rechts, der uns aus der Patsche hilft. Er lautet: *Auditur et altera pars* – Man höre auch die andere Seite.

Bevor ein Richter in der Antike zu seinem Urteil kommen durfte, musste er in einem Rechtsstreit unbedingt auch die gegnerische Seite anhören. Davor durfte er kein verbindliches Urteil fällen. Dahinter stand natürlich der Gedanke: Möglicherweise hat die andere Seite recht. Wenn du zufällig auch Rechtswissenschaften studiert hast, dann hast du Glück: Denn gerade Juristen werden im Studium darin geschult, Argumente und Gegenargumente gegeneinander abzuwägen. Doch was Juristen können, kannst du natürlich auch! So wie das Zähneputzen, so sollten auch das Suchen und Finden von Gegenargumenten für dich zur täglichen Routine werden.

Unsere Yoga-Lehrerin aus dem letzten Verhandlungsbeispiel sollte sich daher die Gegenargumente zu den Ausführungen des Online-Marketers überlegen. Sie könnte ihm folgende kritische Fragen stellen: »Wie kommt er darauf, dass ich ›viel Potenzial‹ habe?«, »Ist es wirklich möglich, mit meinen Voraussetzungen zum Leuchtturm der Yoga-Branche zu werden?«, »Habe ich das Zeug zur Nummer eins in Deutschland?«, »Kann man ›mit etwas Werbebudget‹ wirklich deutschlandweit bekannt werden?« All das sind unangenehme Fragen. Doch wenn wir uns auf das Wunschdenken fokussieren und die Gegenargumente ausschalten, dann können wir gegen das *motivated reasoning* einfach nichts unternehmen. Daher: Frage dich immer, was gegen das Eintreten deines Wunschzustandes spricht. Auch wenn es unangenehm ist.

Wenn nichts geht, nimm einen Bumerang!

Bleiben wir noch einen Moment bei unserem Beispiel mit Yoga-Lehrerin Melanie. Angenommen, unser Online-Marketer hat es geschafft, sie von der Nützlichkeit der Facebook-Werbung zu überzeugen. Sie entschließt sich also, 1 000 Euro monatlich von ihrem hart ersparten Geld in Online-Werbung zu investieren. Nach einem Monat ist nichts passiert. Auch nach dem zweiten Monat gibt es einfach keine gut zahlenden Yoga-Schüler für sie. Heißt das jetzt, dass sie den Vertrag kündigen wird? Die Vernunft würde es gebieten. Wäre da nicht der sogenannte *backfire effect* (Bumerang-Effekt)! Der satanische Verhandlungskünstler wird auch diese Situation geschickt für sich ausnutzen können. Was wird er sagen, damit Melanie weiterhin fleißig in Online-Werbung investiert? Kann er es vielleicht sogar schaffen, dass Melanie trotz des ausbleibenden Erfolgs sogar noch mehr Geld in die Hand nimmt? Er kann!

Fall 7b: Der Online-Marketer und sein diabolischer Pitch

Melanie beschwert sich, dass sich nach 2000 in Facebook-Werbung investierten Euro immer noch kein einziger Kunde gemeldet hat. Daraufhin führt unser Online-Marketer Folgendes aus: »Melanie, es ist ganz einfach. Wir stehen **kurz vor dem Durchbruch**, die Zahlen sind in Wirklichkeit sehr gut. Damit wir **ganz sicher erfolgreich** sein können, musst du einfach das Werbebudget erhöhen. Mehr Sichtbarkeit bedeutet mehr Chancen, dass sich jemand meldet. Und da sind 1000 Euro im Monat einfach zu wenig. Dass es noch nicht klappt, ist ein **objektiver Beweis** dafür, dass wir bisher **nicht genug** Geld in die Hand genommen haben. Wenn du Erfolg sehen willst, und das schnell, musst du schon deine Investition erhöhen. Von nichts kommt nichts.«

Wir Außenstehende haben es leichter. Es funktioniert nichts mit 1000 Euro – warum sollte man in ein nicht funktionierendes System noch mehr Geld investieren? Das ergibt doch keinen Sinn! Doch unsere Melanie denkt da anders. Wir erinnern uns: Sie ist in der kognitiven Verzerrung namens *motivated reasoning* gefangen. Sie will glauben, dass die Facebook-Werbung der richtige Weg ist. Daher sucht sie nur nach unterstützenden Argumenten, die ihren bisherigen Weg rechtfertigen. Ihr Ziel und ihre Methode infrage zu stellen, kommt für sie überhaupt nicht infrage. Doch warum wird sie nach dieser Aussage des Online-Marketers sogar das Doppelte an Geld investieren?

Dies hat zu tun mit dem angesprochenen *backfire effect.* Neue Fakten, die der eigenen Ansicht widersprechen, festigen die ursprüngliche Ansicht nur noch mehr. Dieser Effekt wurde 2010 für ideologische Ansichten nachgewiesen.[23] Konkret ging es bei dem Experiment darum, dass Aussagen von Politikern in einem vermeintlichen Zeitungsartikel vom Journalisten korrigiert und widerlegt wurden. Dabei konnten die Wissenschaftler feststellen, dass trotz (oder gerade wegen) dieser Korrekturen ihres politischen Lieblingskandidaten die Probanden den Aussagen ihres Kandidaten noch mehr Glauben schenkten. Frei nach dem Motto: Mein Lieblingspolitiker wird von der Zeitung angegriffen, daher muss ich jetzt noch mehr zu ihm stehen!

Doch selbstverständlich kann man den *backfire effect* auch im Business nutzen. In diesem Fall verteidigen wir nicht Ansichten unseres Lieblingskandidaten, sondern unser eigenes Wunschdenken, das der satanische Verhandlungskünstler in uns weckte und das den Prozess des motivierten Denkens in uns auslöste. Erst lernen wir unsere eigenen Ansichten also lieben – und danach verteidigen wir sie auch gegen aufkommende Fakten.

Warum nicht mit der »survivorship bias« nachwürzen?

Kommen wir ein letztes Mal zu unserem Ausgangsfall mit Yoga-Lehrerin Melanie zurück. Angenommen, trotz der subtil manipulativen Ausführungen des Online-Marketers kommen ihr Zweifel. Sie will ein Leuchtturm ihrer Branche werden. Sie will die Yoga-Lehrerin Nummer eins in Deutschland werden. Doch

sie natürlich nie als negative Kundenstimmen auf seiner Homepage bringen oder im Gespräch erwähnen würde. Es ist also nicht verwunderlich, dass Melanie dem von Olaf clever konstruierten Überlebensirrtum auf den Leim gegangen ist.

Der Überlebensirrtum kostet uns über 13 Milliarden!

Der Überlebensirrtum ist nicht irgendeine kognitive Verzerrung unter vielen. Er ist 13 Milliarden Dollar schwer. Was das heißt? Die Finanzbranche verspricht ihren Kunden traumhafte Renditen in ihren aktiv gemanagten Fonds. Und wir fallen reihenweise auf die cleveren Finanzberater herein. Sie versprechen uns ihre besten Fonds, die »den Markt schlagen« und »ihre Benchmark weit outperformen« würden. Gierig, wie wir sind, wollen wir diese traumhaften Renditen am Finanzmarkt natürlich einheimsen – und investieren gerne unser hart erspartes Geld in solche aktiv gemanagten Fonds, bei denen allein die Management-Gebühr häufig die Hälfte aller Gewinne auffrisst. Doch wenn es nur diese Gebühr wäre!

Über 96 Prozent der aktiv gemanagten Fonds entwickeln sich über einen längeren Zeitraum schlechter als der Markt und kosten die Anleger daher über 13 Milliarden Dollar (das ist die Summe, die in aktiven Fonds investiert ist).[25] Um ein Beispiel aus den USA zu geben: Während aktiv gemanagte Fonds zwischen Dezember 1993 und Dezember 2013 eine durchschnittliche Rendite von circa 2,5 Prozent hatten, entwickelte sich der Markt in Form des S&P 500 (Aktienindex, der aus den 500 größten börsennotierten US-Unternehmen besteht) viel besser und hatte in diesen 20 Jahren eine Rendite von circa 9,3 Prozent.[26] Einfach formuliert: Dort, wo uns Anlegern traumhafte Renditen von der Finanzbranche versprochen wurden, blieb für uns nach 20 Jahren kaum was übrig – während der Markt sich prächtig weiterentwickelt hat. Ein Renditeunterschied von vollen 80 Prozent – eigentlich ein Skandal.

Doch wie kann es sein, dass die Finanzbranche mit dieser 13-Milliarden-Dollar-Lüge immer noch durchkommt? Du ahnst es schon: mithilfe des Überlebensirrtums. Die Finanzbranche geht ziemlich schlau vor. Doch wenn man ihren Trick kennt, ist es wiederum fast schon peinlich, wie einfach wir Anleger zum Kauf dieser aktiven Fonds motiviert werden. Der Überlebensirrtum funktioniert hier so: Eine Finanzgesellschaft legt viele verschiedene Fonds auf, die jeweils unterschiedliche Anlagestrategien verfolgen. Und diejenigen, die schlecht laufen (sich also schlechter entwickeln als ihre Benchmark), werden liquidiert. Sie werden schlicht eingestellt oder in andere Fonds überführt und existieren nicht mehr in der Statistik. Es bleiben daher nur die erfolgreichen Fonds, welche die Erfolgsstatistik natürlich extrem ins Positive verzerren.[27]

In einer Hochglanzbroschüre präsentiert uns der Anlageberater die überdurchschnittlichen Zahlen mit traumhaften Renditen – und preist die Fondsmanager als Genies und Gurus an. Falls du das Geld in einen Fonds investierst und dieser schlecht performt, verlierst du natürlich dein Geld. Doch beim nächsten Kunden wird dein verlustreicher Fonds in der Neuauflage der Hochglanzbroschüre sicherlich nicht mehr auftauchen. Ziemlich einfacher Trick, der jedoch schon seit Jahrzehnten wunderbar funktioniert.

Willst auch du sechsstellig verdienen?

Kommen wir von der Welt der Finanzen nun in meine eigene Branche: den Trainer- und Coachingmarkt. Der neueste Trend im Internet: Junge Männer stehen vor geleasten dicken Autos, präsentieren sich als Super-Mega-Businesscoaches und wollen dir in sechs Tagen beibringen, wie du sechsstellige Umsätze machst. Vielleicht hast du diese Art von Online-Werbung ja auch schon mal gesehen. Natürlich haben unsere Coaches selbst in den wenigsten Fällen hohe Umsätze. Sie präsentieren ihre Kundenstimmen in Videoform, wo ihre ehemaligen Kunden darüber berichten, wie erfolgreich sie durch den Businesscoach geworden sind. Auch hier waltet mal wieder der Überlebensirrtum: Es werden die paar Kunden gezeigt, bei denen es funktioniert hat – und die paar Dutzend, die mit ihrem Businesscoach viel Geld verbrannt haben, werden geflissentlich außer Acht gelassen.

Natürlich weißt auch du, dass Rezensionen und Kundenstimmen gekauft sein können. Letztens hat mich so ein Super-Mega-Businesscoach angesprochen und mir den Deal des Jahrtausends vorgeschlagen. Ich sollte für ihn mit meinem Smartphone ein kurzes Video drehen, in dem ich seine Coaching-Dienste anpreise. Auf meine Frage hin, wie ich ihn denn bewerten und warum ich das machen sollte, antwortete er wie aus der Pistole geschossen: »Ich gebe dir ja auch 500 Euro dafür – für einen Aufwand von nur zwei Minuten. Das ist doch ein geiler Deal für dich!« Glaube also keinem Video, das du nicht selbst gefälscht hast.

Das Gegengift: Was tun gegen den Überlebensirrtum?

Wie jetzt deutlich geworden ist, basiert der Überlebensirrtum darauf, dass wir uns nicht die gesamte Datenmenge anschauen (sollen), sondern nur die Erfolgsfälle. Dadurch verzerrt sich unsere Wahrnehmung – und wir gehen davon aus, dass auch wir erfolgreich sein werden. Das Gegengift?

Wir dürfen nicht nur auf die (sichtbaren) Gewinner schauen, sondern sollten aktiv nach (unsichtbaren) Verlierern suchen. Ob bei gemanagten Fonds oder Karriere-Entscheidungen: Der satanische Verhandlungskünstler wird uns nie das komplette Bild der Realität geben. Wir müssen, wie es Nassim Thaleb so schön ausgedrückt hat, nach stillen Beweisen (*silent evidence)*[28] suchen, um nicht auf den geschickt konstruierten Überlebensirrtum hereinzufallen. Wenn dir also in Zukunft Gewinner präsentiert werden, dann frage ganz bewusst nach den Verlierern. Wenn dir keine genannt werden, dann mache selbst eine Recherche. Es ist nicht alles Gold, was glänzt. Und wo viel Licht ist, ist auch viel Schatten.

III. Framing: Wie der Rahmen das Bild verzerrt

Des einen Terrorist ist des anderen Freiheitskämpfer.

Unbekannt

Alles im Leben ist Ansichtssache. Abhängig von unserer Perspektive bewerten wir Sachverhalte komplett unterschiedlich. In Politik, Gesellschaft, Wirtschaft – und natürlich auch im Privatleben. Das bekannteste Framing-Beispiel der Welt: Für einige von uns ist das Glas halb voll, für andere halb leer. Objektiv ist es dasselbe Glas, aber wir bewerten es anders – abhängig davon, ob wir Optimisten oder Pessimisten sind.

Ein düsteres Beispiel aus der Politik: Der 11. September 2001 wird im Westen assoziiert mit einem schrecklichen Terroranschlag auf die »freie Welt«. Doch könnte es sein, dass bestimmte Gruppen im Nahen Osten in den Terroristen des 11. September keine verrückten Kriminellen gesehen haben, sondern Freiheitskämpfer? Wir im Westen würden das natürlich sofort verneinen! Dass die Vereinigten Staaten von Amerika aus der Sicht des Nahen Ostens ein auswärtiger Aggressor sind, der seit Jahrzehnten ihre Dörfer aus der Luft zerbombt und mit Soldaten vor Ort ihre Familienangehörigen tötet, können wir kaum nachvollziehen. Die USA führen doch unsere gute »freie Welt« an! Ob in Afghanistan, Kuweit oder Irak: Die USA führen ja keine Kriege, sondern engagieren sich in sogenannten Militäroperationen. Diese Einsätze sind aus westlicher Sicht absolut gerechtfertigt. Dass jene Staaten beziehungsweise Gruppen dieser Staaten sich mit allen Mitteln dagegen wehren, ist aus unserer Sicht absolut ungerechtfertigt. Doch für viele Menschen im Nahen Osten sind die Amerikaner die Terroristen. Des einen Terrorist ist des anderen

Freiheitskämpfer. Aus seiner eigenen Perspektive ist eben jeder der Gute.

Kommen wir zu einem weiteren ernsten Thema, bevor es dann gleich mit Präsident Trump etwas heiterer wird. Kennst du den Unterschied zwischen einem »Selbstmord«, einem »Suizid« und einem »Freitod«? Alle drei Begriffe beschreiben den gleichen Sachverhalt. Doch schwingt im ersten Begriff eine subjektive Schuld mit (Selbst*mord*), während im dritten Begriff die Selbstbestimmung des Individuums im Vordergrund steht (*Frei*tod). Die moralische Bewertung steckt manchmal schon im Wort selbst und lenkt unbemerkt unseren Fokus auf einen ganz bestimmten Teilaspekt. Und genau das ist Framing: Der objektive Sachverhalt wird durch eine Formulierung, eine Definition oder eine Interpretation in eine ganz bestimmte Richtung gedreht.[29] Manchmal passiert es unbewusst. Doch unser satanischer Verhandlungskünstler wird natürlich den Framing-Effekt (auf Deutsch etwa: Rahmen-Effekt) für seine Zwecke zu nutzen wissen.

Der König des Framings im 21. Jahrhundert ist Donald J. Trump. Er versteht es wie kaum ein anderer, die Realität so zu *framen*, dass er als Sieger dasteht. Zwar wird er häufig als Lügner wahrgenommen, aber dieses Zitat verdeutlicht, wie clever er das Framing für sich nutzt:

Ich habe mehr Stimmen bekommen als irgendein Präsident in der Geschichte unseres Landes. 75 Millionen, viel mehr als Obama, viel mehr als alle. Und sie sagen, wir hätten die Wahl verloren. Wir haben nicht verloren![30]

Das Besondere an dieser Aussage ist, dass tatsächlich kein *Präsident* vor ihm so viele Stimmen geholt hat. Er vergleicht sich in diesem Zitat ja nicht mit Joe Biden, der sechs Millionen mehr Stimmen gewann. Denn Biden ist zum Zeitpunkt von Trumps Aussage formal betrachtet kein Präsident. Trumps Frame ist also der Vergleich mit allen Präsidenten – und innerhalb seines Frames hat der gute Donald absolut recht. Dass dieser Rahmen natürlich manipulativ ist, ist uns in Europa völlig klar. Doch Trump muss ja auch nicht uns überzeugen, sondern seine republikanischen Fans. Dass seine dunklen Rhetoriktricks es aber in sich haben, hat er bei seinem Wahlsieg 2016 eindeutig bewiesen.

Wenn du jetzt meinst, dass du gegen solche Framing-Tricks gewappnet bist, solltest du dir deiner Sache nicht zu sicher sein. Vor einem cleveren Framing ist nämlich niemand sicher.

Der Rahmen bestimmt das Bild

Viele Experimente zeigen die mächtige Wirkung des Framings. Eines mag ich ganz besonders, weil es mit Politologiestudenten gemacht wurde.[31] Ob ich damals als junger Student auch darauf hereingefallen wäre? Wahrscheinlich schon. Es ging in dem Experiment darum, dass den Teilnehmern ein zusammengebastelter Medienbericht über den berühmt-berüchtigten Ku-Klux-Klan gezeigt wurde. Der Klan ist unbestritten ein gewalttätiger und rassistischer Geheimbund, der bereits seit dem 19. Jahrhundert vor allem in den USA sein Unwesen treibt, doch auch in Deutschland mit kleinen Gruppierungen vertreten ist. Das Wesen des Klans ist allen klar – doch wie sollte eine Gesellschaft mit einer so radikalen Gruppierung umgehen? Und würde eine unterschiedliche mediale Darbietung die Toleranz, welche diesem Geheimbund entgegengebracht wird, verändern?

Das wollten die Wissenschaftler herausfinden. Sie zeigten zwei Gruppen von Studenten jeweils zwei unterschiedliche Zusammenschnitte aus den Medien zu einer geplanten Kundgebung des Ku-Klux-Klans. Der ersten Gruppe wurde die Kundgebung im Frame »Meinungsfreiheit« gezeigt, also ein Zusammenschnitt von Videoberichten, in dem die Journalisten auch extremen Gruppierungen das Recht zusprachen, öffentlich ihre Ansichten zu bekennen. Die zweite Gruppe sah einen anderen medialen Zusammenschnitt im Frame »Sicherheitsbedenken«. Ihnen wurden Videosequenzen gezeigt, in denen Ausschreitungen und mögliche Gewalttaten betont wurden, denen Menschen zum Opfer fallen können. Das Ergebnis: Die erste Gruppe stand dem Klan nach dem Anschauen ihres Videoberichts viel toleranter gegenüber. Die meisten waren dafür, dass der Klan grundsätzlich Kundgebungen abhalten können soll und die Mitglieder ihre Meinung frei äußern, auch wenn es eine Minderheitenmeinung sei. Die zweite Gruppe war weit weniger tolerant und machte sich weitaus mehr Sorgen um die öffentliche Sicherheit.

Wir sehen also: Gleiches Thema – unterschiedliche Frames – unterschiedliche Bewertung der Situation. Natürlich kann man auch im Berufsalltag mit unterschiedlichen Frames nach Lust und Laune manipulieren. Schauen wir uns ein klassisches Mitarbeitergespräch an, bei dem fleißig manipuliert wird.

Fall 8: Das besonders »eingerahmte« Jahresendgespräch

Markus hat das ganze Jahr einen soliden Job gemacht. Er hat drei von vier Projekten erfolgreich abgeschlossen. Beim vierten gab es Verzögerungen seitens des Kunden, an denen er völlig schuldlos war. Er hofft, auch weil eine Gehaltserhöhung die letzten zwei Jahre ausgeblieben ist, auf 10 Prozent mehr Gehalt im nächsten Jahr. Seine Chefin hat jedoch einen etwas anderen Plan. Im Jahresendgespräch spricht sie die drei erfolgreichen Projekte nur im Nebensatz an und stellt das nicht abgeschlossene Projekt von Anfang an ins Zentrum der Unterredung. Als Markus entgegnet, dass ihn an der Verzögerung keine Schuld trifft, führt die Chefin aus: »Als Projektleiter sind Sie, Markus, selbstverständlich auch für die

Deadlines beim Kunden verantwortlich. Natürlich trifft sie keine subjektive Schuld, aber so wie Eltern für ihre Kinder haften, haften Projektleiter für den fristgemäßen Ablauf ihres Projekts. Da zumindest dieses Jahr der Erfolg dieses für uns wichtigen Projekts ausblieb, müssen Sie Verständnis haben, dass ich mit Ihrer Leistung nicht zufrieden bin.« Nach dieser Tirade spricht Markus die Gehaltserhöhung erst gar nicht an. Vielmehr macht er sich nun Sorgen um seinen Job und schleicht entmutigt aus ihrem Büro.

Die Chefin hat es verstanden, ein *negatives Frame* zu nutzen und das ganze Jahr als einen Misserfolg darzustellen. Doch auch Mitarbeiter können diese Art von Gesprächen manipulieren: Genauso denkbar wäre ja auch die Situation, dass Markus ein *positives Frame* auf das Jahr legt und seine eigenen Erfolge mit den drei gelungenen Projekten in den Himmel lobt, die Verzögerung beim vierten Projekt erst gar nicht erwähnt und auch Monate später die Chefin darüber nicht in Kenntnis setzt. Denkbar ist auch die Situation, dass beide Verhandlungspartner mit genau vorbereiteten Frames in die Diskussion ziehen. Wer dann gewinnt? Natürlich derjenige, der die satanische Verhandlungskunst besser beherrscht.

Viele Menschen spielen kommunikatives Schach mit dir. Ihr Ziel ist es, dich durch kognitive Verzerrungen, Scheinargumente und Sprachtricks schachmatt zu setzen. Je besser dein Gegner spielt, desto besser musst du sein, um nicht besiegt zu werden. Der Klügere gibt nach, der Schlauere setzt matt!

Wie der Name das Verhalten bestimmt

Schon der alte römische Komödiendichter Plautus wusste: *Nomen est omen* – was man frei übersetzen kann mit »Der Name ist Programm«. Er hat wohl keine sozialpsychologischen Experimente dazu gemacht, aber recht hatte er.

Bei einem schönen Framing-Experiment[32] konnten Wissenschaftler zeigen, dass allein der Name eines Spiels das Verhalten der Spieler beeinflussen kann. Dabei sollten amerikanische Studenten und israelische Piloten das sogenannte »Gefangenendilemma« miteinander spielen. Über dieses Dilemma ist schon viel geschrieben worden, daher will ich jetzt nicht auf die Details eingehen, sondern gleich zum Ergebnis des Experiments kommen: Haben die Forscher das Spiel »Community Game« (Gemeinschaftsspiel) genannt, dann kooperierten die Spieler viel häufiger miteinander. Nannten die Forscher das Spiel »Wall Street Game« (Börsenspiel), dann haben die Spieler stärker miteinander konkurriert und einander häufiger verraten.

Oder ein anderes, viel berühmteres Beispiel für gelungenes Framing: Als vor circa 20 Jahren die Europäische Union reformiert werden sollte, einigten sich die Staatsoberhäupter im Jahr 2004 auf einen sogenannten »Vertrag über eine Verfassung für Europa«. Dieser wurde zwar von allen Staaten unterzeichnet, trat aber nie in Kraft. Beim großen Wort »Verfassung« haben die französischen und niederländischen Parlamente kalte Füße bekommen. Sie hatten Angst, die eigene Souveränität komplett an die EU zu verlieren. Da jedoch für dessen Gültigkeit alle Staaten durch Parlamente hätten zustimmen müssen, ist dieses umfangreiche Reformwerk gescheitert. *Scheinbar* gescheitert.

Denn ein paar Jahre später sind fast alle Normen in den sogenannten Vertrag von Lissabon eingeflossen. Warum dieser Vertrag von allen Parlamenten ratifiziert wurde, obwohl die wesentlichen Elemente des Verfassungsvertrags übernommen wurden? Ganz einfach: Diesmal bekam er den Namen »Vertrag von Lissabon zur Änderung des Vertrags über die Europäische Union und des Vertrags zur Gründung der Europäischen Gemeinschaft« – von dem gefährlichen Wort »Verfassung« gab es nun keine Spur mehr. Hier wurde einfach der Rahmen verändert. Verträge, das wissen alle Mitgliedsstaaten ja, gibt es in der EU bereits zuhauf. Also konnten sie problemlos diesem neuen einfachen »Vertrag« zustimmen. Der Jurist in mir kann dazu nur genüsslich lächeln.

Was auf der Ebene der Staatsoberhäupter und der europäischen Medienlandschaft funktioniert, wird natürlich auch bei uns kleinen Bürgern funktionieren. Dazu eine Verhandlungsstory zweier Freunde, von denen einer den satanischen Verhandlungskünstler spielen wird.

Fall 9: Der gute Freund mit den zwei Gesichtern

Sven und Ali sind bereits über zehn Jahre miteinander befreundet. Sie sind durch dick und dünn gegangen und vertrauen sich blind. Nur beim Thema Geld gibt es einen Dissens. Während Sven mit Geld verschwenderisch um sich wirft, ist Ali ein Sparer. Zudem hat Ali von seinen Eltern ein für ihn sehr wichtiges Prinzip übernommen: »Bei Geld hört die Freundschaft auf.« Das weiß Sven, doch möchte er sich ein neues Auto kaufen, und ihm ist klar, dass er bei der Bank keinen Kredit kriegt. Gleichzeitig weiß er, dass Ali sein Geld auf einem Girokonto bunkert und sowieso nichts damit macht. Es kommt zu einem entscheidenden Treffen der beiden.

Sven: »Du, Ali, ich will mir den neuen Tesla kaufen. Ich weiß, du hast das Geld. Bitte. Mach eine Ausnahme. Leih mir 20 000 Euro. Du weißt genau, dass du sie zurückbekommst.«

Ali: »Das hatten wir schon hundert Mal. Bei Geld hört die Freundschaft auf. Wenn du es nicht zurückzahlst, dann geht unsere Freundschaft daran kaputt. Das will ich auf gar keinen Fall riskieren – ist es mir nicht wert!«
Sven: »Ja, ich wusste, dass du das sagst. Genau deswegen komme ich heute nicht als Freund zu dir, sondern als Geschäftspartner. Wir machen einen Vertrag. Das Geld liegt bei dir sowieso nur auf dem Girokonto. Ich zahle dir aber ein Prozent Zinsen, damit es kein reiner Freundschaftsdienst ist.«
Ali: »Und wenn du mir das nicht zurückzahlst?«
Sven: »Dann hast du alles schwarz auf weiß. Einen Geschäftsmann würdest du einfach verklagen. Ohne irgendwelche Gefühle. So machst du das bei mir auch. Der Vertrag läuft komplett außerhalb unserer Freundschaft. Es ist einfach ein Business-Deal, bei dem du Geld verdienen wirst!«

Natürlich ist hier nicht garantiert, dass Ali dem Deal zustimmen wird. Aber durch das kluge Framing (statt eines Gefallens unter Freunden jetzt ein Business-Deal) umgeht Sven geschickt das Grundprinzip »Bei Geld hört die Freundschaft auf«. Denn er tritt seinem Freund Ali hier ja als Geschäftspartner gegenüber. Durch dieses neue Framing sind die beiden bei Vertragsunterzeichnung nun Geschäftsleute, und Ali kann seinem Prinzip dennoch treu bleiben.

Falls du immer noch Zweifel hast, wie mächtig die Konsequenzen eines Namens und des mitschwingenden Frames sind, wird dich diese Orkan-Studie[33] ganz sicher überzeugen. Wissenschaftler fanden nämlich vor einigen Jahren heraus, dass Orkane mit weiblichen Vornamen weitaus tödlicher sind als jene mit männlichen. Den Grund dafür sehen die Forscher darin, dass

Menschen mit weiblich benannten Orkanen wie »Cindy« oder »Bella« weniger Gefahr assoziieren, weil Frauen gemeinhin als weniger gefährlich und aggressiv gelten. Weiblich benannte Orkane würden, so die Schätzung der Wissenschaftler, bis zu dreimal mehr Tote bedeuten! Bei Untersuchungen, durchgeführt über einen Zeitraum von 60 Jahren, fanden sie heraus, dass sich bei männlich benannten Orkanen die Amerikaner viel penibler an die Anweisungen der Bezirksregierungen hielten und sich daher häufiger rechtzeitig in Sicherheit brachten. Interessantes Detail der Studie: Je weiblicher ein Name klang, desto ungefährlicher wurde der Orkan von den Probanden eingeschätzt.

Der Name ist also tatsächlich Programm. Wenn du zum Beispiel dein nächstes wichtiges Business-Meeting planst, überlege dir ganz genau, wie du es nennen wirst. Bei der Bezeichnung »Diskussionsrunde zu X« denken die Teilnehmer eher an eine argumentative Auseinandersetzung; bei »Brainstorming zu Thema X« an ein kreatives Treffen, wo erst mal nur die Optionen gefunden werden sollen. Wenn du aber eine Einigung haben möchtest, nenne das Meeting doch einfach »Meeting zur Einigung bezüglich X«. Dann steht im Zentrum das Frame der Einigkeit – und so erhöht sich die Wahrscheinlichkeit, dass es bereits bei diesem Treffen zu einer positiven Entscheidung kommt.

Preis-Framing: Wie der Preisrahmen uns manipuliert

Natürlich spielen bei Verhandlungen Preise eine entscheidende Rolle. Aber wie kann man das Framing so nutzen, dass der Geschäftspartner den gewünschten Preis bezahlt? Es ist relativ einfach, wenn man eine weitere hübsche kognitive Verzerrung beimischt: den Kontrast-Effekt. Dass wir Menschen, Preise, Temperaturen, Schönheit und alles andere erst im Vergleich wahrnehmen, dazu hat bereits vor über 300 Jahren der Philosoph John Locke folgendes Gedankenexperiment[34] aufgestellt, dem zufolge dasselbe Wasser von einer Hand als warm und von der anderen Hand als kalt wahrgenommen wird. Wenn du nämlich vorher die eine Hand in heißes Wasser tauchst, wirst du das lauwarme Wasser anschließend als kalt empfinden. Die andere Hand, die vorher in kaltem Wasser war, wird es als warm wahrnehmen.

Was für unsere Sinnesempfindungen zutrifft, gilt ebenso für unsere Erkenntnisprozesse. Ist dir schon mal aufgefallen, dass im Internet viele Anbieter drei Preise präsentieren? Meist steht links ein günstiges Paket mit sehr eingeschränkter Nutzbarkeit und rechts ein absolut überteuertes Premium-Paket. In der Mitte, meist sogar farblich hervorgehoben, steht jenes Paket, das verkauft werden soll. Hier vereinfacht dargestellt:

Produkt 1: 19,99 € | Produkt 2: 34,99 € | Produkt 3: 129,99 €

Wichtig ist hier zu verstehen, dass Produkt 3 gar nicht verkauft werden soll. Es dient nur dazu, das Produkt 2 im Kontrast günstig aussehen zu lassen. Dieser Preisrahmen bringt die meisten Käufer dazu, das mittlere Produkt zu wählen. Der satanische Verhandlungskünstler wird den Kontrasteffekt noch dadurch verstärken, dass er den Produkten clevere Bezeichnungen gibt wie »Basis-Paket« für Produkt 1, »Premium-Paket« für Produkt 2 und »Luxus-Paket« für Produkt 3.

Der klassische Kunde wird sich denken: »Ich zahle doch nicht diesen überteuerten Luxuspreis – ich bin doch nicht blöd!« Und genau diese Reaktion ist bei einem geschickten Preisrahmen immer mit einkalkuliert.

Achte ab jetzt mal drauf, wie dir Produkte und Dienstleistungen angeboten werden. Ich garantiere, dass du diese Preisrahmen-Struktur überall entdecken wirst. Ob es die Verkäufer gut mit dir meinen oder dich durch clevere Preisrahmen zu einer ganz bestimmten Kaufentscheidung »motivieren« wollen.

Natürlich kannst du diesen Effekt auch selbst in Verhandlungen nutzen. Du solltest also niemals am Ende der Verhandlung nur ein Angebot parat haben – egal was du verkaufst. Überlege dir, wie du ein nutzloses günstiges und ein überteuertes Produkt in deiner Branche einführen kannst – wie die Fliegen werden sich die Kunden dann auf das mittlere Angebot stürzen. Ein Amateur, wer am Ende einer Verhandlung nur ein einziges Preis-Angebot abgibt!

Zeitliches Framing: Den ungünstigen Zeitraum einfach mal weglassen

Höchst manipulativ wirken auch zeitliche Frames. Dabei präsentiert man dir einen Sachverhalt nur in einem bestimmten Zeitraum und schneidet das, was davor oder danach kommt, komplett weg. Ein berühmtes Beispiel ist dabei die »Riester-Rente«. Von vielen Finanzberatern werden ihre Vorteile im Verkaufsgespräch in den Vordergrund gerückt: In der Anspar-Phase gibt es saftige Zulagen vom Staat und Steuerersparnisse. Dass aber die Leistungen dieser Rente in der Auszahlungsphase voll einkommensteuerpflichtig sind, wird häufig nicht erwähnt. Auch ungenannt bleibt oftmals, dass die Leistungen mit der Grundsicherung im Alter verrechnet werden und die Riester-Rente sich daher für bestimmte Verdienstgruppen finanziell überhaupt nicht lohnt. So muss man als Riester-Sparer häufig über 85 Jahre alt werden, um unter dem Strich von dieser Art von Rente zu profitieren.

Damit will ich nicht sagen, dass die Riester-Rente sich für niemanden lohnt. Doch von den über 16 Millionen abgeschlossenen Verträgen in 2020 dürfte ein großer Teil für die Versicherten eine Nullnummer oder sogar ein Minusgeschäft sein. Beispiel: Ein 30-jähriger Riester-Fonds-Sparer mit einem Brutto-Jahresgehalt von 52 500 Euro muss nach einer nüchternen Rechnung mindestens 92 Jahre alt werden, um seine eigenen Beiträge mit Zins ausgezahlt zu bekommen.[35] Dass aber Männer statistisch gesehen im Durchschnitt nicht einmal 80 Jahre alt werden, zeigt, warum es auch für mittlere Einkommen ein Minusgeschäft ist. Dass man als Riester-Sparer in einigen Fällen in der Anspar-Phase sogar über 10 000 Euro vom Staat geschenkt bekommt, ist nur die halbe Geschichte.

Ob sich ein Investment gelohnt hat, sieht man natürlich erst bei einer Gesamtbetrachtung – also am Ende des Lebens. Dass die Finanzbranche diese Betrachtung nicht aufzeigt und lediglich mit der halben Wahrheit um die Ecke kommt, ist nur allzu verständlich. Wenn Provisionen fließen, kann die Beratung nicht wirklich objektiv sein. Kein Wunder also, dass die Riester-Rente immer noch als das Anlageprodukt »für jeden« beworben wird.

Doch nicht nur untere und mittlere Einkommensschichten lassen sich durch cleveres Framing zu nicht ganz so cleveren Anlage-Entscheidungen überreden. Schauen wir uns den Fall eines vermögenden Anlegers an, bei dem das zeitliche Framing wieder eine entscheidende Rolle spielen wird.

Fall 10: Die »profitable« vermögensverwaltende GmbH

Leonard-Tiberius hat es im Leben geschafft. Er hat ein passives Einkommen von über 100 000 Euro und möchte es nun in Aktien anlegen und Gewinne machen. Von einem Freund hat er etwas von einer vermögensverwaltenden GmbH (auch Spardosen-GmbH genannt) gehört, mit der man viele Steuern sparen kann. Sehr viele Steuern! Daraufhin macht er sich zu seinem Steuerberater auf und bespricht mit ihm die Vor- und Nachteile der Spardosen-GmbH. Der Steuerberater führt aus, dass Leonard-Tiberius volle 26,38 Prozent Steuern auf seine Veräußerungsgewinne zahlen muss (Abgeltungssteuersatz von 25 Prozent plus Soli). Und in der vermögensverwaltenden GmbH? Da würde unser Anleger nur märchenhafte 1,54 Prozent Steuern auf seine Veräußerungsgewinne aus Aktien zahlen. Ein unglaublicher Steuervorteil also. Er könnte zudem über die Jahre den Zinseszinseffekt noch stärker für sich nutzen, da er ja durch die geringere Steuerlast mehr Geld zur Verfügung haben wird, das er wiederum anlegen kann. Natürlich hätte die Spardosen-GmbH auch Kosten (Gründung, Bilanzierung etc.) – doch unter dem Strich, so der Steuerberater, lohne sich bei so hohen Sparsummen die GmbH allemal. Unser Leonard-Tiberius fackelt nicht lange – diesen riesigen Sparvorteil will er sich schnappen. Steuern sollen die anderen zahlen!

Alles, was der Steuerberater in diesem Fall gesagt hatte, war richtig. Sogar die laufenden Kosten der GmbH hatte er fairerweise erwähnt. Doch der Teufel steckt natürlich im Detail. Es ist wie im Riester-Fall: In der Ansparphase ist die Spardosen-GmbH tatsächlich steuergünstiger. Doch irgendwann will Leonard-Tiberius das Geld wieder aus der GmbH in sein Privatvermögen holen. Darauf muss er dann aber wieder die oben genannten 26,38 Prozent Steuern zahlen. Unter dem Strich gewinnt der Vermögende durch diese komplizierte und wenig flexible Konstruktion häufig nichts. Sicherlich kann sich die Spardosen-GmbH im Einzelfall auch lohnen – unter ganz bestimmten Voraussetzungen. Doch unter anderen wiederum kann die GmbH sogar unprofitabler im Vergleich zu einer Anlage als Privatperson sein.

Unser Steuerberater im obigen Beispiel hat aber bewusst das zeitliche Framing angewandt. In der Anlagephase ist die Spardosen-GmbH auf jeden Fall lukrativer – was er mit Zahlen auch eindrucksvoll bewies. Doch warum präsentierte er nicht auch die Auszahlungsphase? Ganz einfach: Er war leider nicht ganz unvoreingenommen. Er verdient ja an solchen komplizierten juristischen Konstruktionen, etwa durch den wiederkehrenden Jahresabschluss, gute Summen. Daher hat er im Beratungsgespräch die Gesamtbetrachtung nicht angesprochen, damit Leonard-Tiberius nicht auf dumme Gedanken kommt. Man merke: Wo Provisionen fließen, sind Interessenkonflikte bei den Beratern nicht weit.

Doch natürlich kann man das zeitliche Framing auch außerhalb der Finanzbranche wunderbar anwenden. Auf meinem erfolgreichen Rhetorik-Podcast *Menschen überzeugen* bekomme ich fast jede Woche eine Anfrage von Podcast-Kollegen, die ein gegenseitiges Interview führen möchten – was ja absolut legitim ist. Nicht mehr ganz so legitim ist, wie einige Kollegen diesen Wunsch begründen. Sie schicken mir ein Foto zu (oder noch besser: sie platzieren es direkt auf ihrer Website), wo sie der Nummer-eins-Podcast in einer bestimmten Kategorie (zum Beispiel in meiner Kategorie »Karriere«) sind. Das soll mich und andere Podcast-Hosts davon überzeugen, mit diesem Podcaster zu kooperieren.

Wo ist hier nun das zeitliche Framing? Dafür muss man wissen, dass das Podcast-Ranking täglich neu erstellt wird und vor allem die Neuabonnenten berücksichtigt. Wenn also jemand einen neuen Podcast aufsetzt und einen Newsletter an alle seine Abonnenten verschickt, dann abonnieren ziemlich viele Menschen diesen Podcast an einem bestimmten Tag. So kommt es, dass ein neu aufgesetzter Podcast an diesem bestimmten Tag zum Nummer-eins-Podcast wird. Meist aber eben nur für diesen einen Tag. Der Trick: Genau das weiß unser Podcaster-Neuling und macht just an diesem Tag einen Screenshot von seinem spitzenmäßigen Podcast-Ranking. Dass der Podcast nur an diesem einen Tag an der Spitze der Charts war, das schreibt er natürlich nicht, sondern erweckt mit dem Screenshot den Eindruck, er wäre konstant an der Spitze der Charts. Kein Wunder, dass er in

Interview-Verhandlungen mit echten großen Podcastern meist eine Zusage bekommt.

Visuelles Framing: Welche Rolle das Aussehen bei Gerichtsverhandlungen spielt

Manchmal befinden wir uns auch eher unfreiwillig in einer Verhandlungssituation, nämlich in einer Strafverhandlung. Nicht umsonst heißen Prozesse im Strafrecht sowie im Zivilrecht auch »Verhandlungen«, denn eine Strafe steht nicht von vornherein fest, sondern wird zwischen dem Staatsanwalt und dem Rechtsanwalt (oder im Zivilprozess zwischen zwei Rechtsanwälten) gewissermaßen argumentativ verhandelt.

In den Verhandlungssälen der Gerichte sitzen jedoch Menschen, die durch das Fernsehen visuell geframt sind, mit schwerwiegenden Konsequenzen für die Beteiligten. Nehmen wir ein markantes Beispiel aus den Vereinigten Staaten. Seit Jahrzehnten werden Afro-Amerikaner im Fernsehen überdurchschnittlich häufig als kriminell dargestellt.[36] Dies hatte zur Folge, dass in der Gesellschaft das Vorurteil des »kriminellen schwarzen Mannes« entstanden ist. In Experimenten wurde vielfach nachgewiesen, dass für dieselbe Tat ein Afroamerikaner eine längere Haftstrafe bekommt als ein Weißer.[37] Die Vorurteile durch das visuelle Framing seitens der Medien gehen dabei noch viel tiefer: Je mehr ein Gesicht eines Afroamerikaners dem Stereotyp entspricht, desto länger wird seine Haftstrafe.[38]

Interessanterweise funktioniert das visuelle Framing sogar dann, wenn man keine echten Bilder im Fernsehen zeigt, sondern durch Metaphern bestimmte Bilder im Kopf verankert. Bei einer spannenden Studie[39] hat man zwei Gruppen jeweils einen Text über Verbrecher in einer fiktiven Stadt vorgelegt. In einem Text wurden Verbrecher als »Bestie« dargestellt – in dem anderen als »Virus«. Anschließend wurden die beiden Gruppen befragt, was man mit den Verbrechern anstellen sollte. In der Bestie-Gruppe waren die Leser der Ansicht, man sollte diese hinter Gitter bringen und hart bestrafen. In der Virus-Gruppe dagegen waren Leser viel häufiger der Ansicht, man solle nicht so hart bestrafen, sondern nach den Ursachen für Kriminalität suchen und Bildungschancen verbessern. Das jeweilige Bild im Kopf hat also den entscheidenden Unterschied beim Umgang mit den Straftätern ausgemacht.

Solltest du oder jemand aus deinem persönlichen Umfeld in die unangenehme Situation eines Gerichtsverfahrens kommen, kannst du jedoch das visuelle Framing auch für dich nutzen. Und zwar, indem du dich attraktiver machst. Kurioserweise bekommen nämlich attraktive Angeklagte geringere Haftstrafen,[40] und hübsche Beklagte zahlen geringere Schadenersatzsummen als ihre weniger hübschen Zeitgenossen.[41] Wenn man aber drüber nachdenkt, ist dieses Ergebnis gar nicht so kurios. Denn häufig sehen Straftäter, die wir in den Medien sehen, nicht attraktiv und gepflegt aus. Dieses negative visuelle Framing sollten wir bei unserem eigenen Gerichtstermin unbedingt vermeiden. Ein höflicher und gut aussehender Mensch passt einfach nicht in das übliche visuelle Frame eines üblen Straftäters. Indem wir uns also äußerlich bewusst vom klassischen bildhaften Vorurteil eines Straftäters wegbewegen, erhöhen wir unsere Chancen in der Gerichtsverhandlung. Und das sogar, ohne ein einziges Wort zu sagen.

Da jedoch die meisten Leser dieses Buches wahrscheinlich nicht in einer Strafverhandlung sitzen werden, hier ein weiteres Beispiel für visuelles Framing aus dem täglichen Leben. Ist dir schon mal aufgefallen, dass Discounter auf der ersten Seite ihrer bunten kostenlosen Prospekte ein bestimmtes Produkt, das unglaublich günstig angeboten wird, ganz besonders hervorheben? Ob übergroß dargestellte Kirschen oder ein riesiges Foto eines markenlosen Staubsaugers: Dieses Mega-Preisangebot soll uns ins Geschäft locken. Der unglaublich günstige Preis (engl. *loss leader*) ist sogar so tief, dass der Discounter damit gar keinen Gewinn macht. Doch warum machen sie es dennoch fast täglich? Die Logik ist ganz einfach: Wenn wir schon mal im Laden sind, dann kaufen wir natürlich auch andere Produkte, sodass der Discounter unter dem Strich doch Gewinne macht.

Dieses visuelle Framing kann der satanische Verhandlungskünstler natürlich ebenfalls nutzen. So könnte beispielsweise ein Berater die erste Beratungsstunde kostenlos anbieten und dies grafisch ganz prominent auf seiner Broschüre oder Website platzieren. Dass sein Stundenhonorar dann aber höher sein wird als das seiner Kollegen, fällt natürlich nicht jedem Kunden auf. Das Lockvogelangebot zieht also viele Interessenten ins Büro des Beraters – und wenn die dann schon mal da sind, kann man sie mit der ganzen Klaviatur der satanischen Verhandlungstricks, die in diesem Buch gezeigt werden, um den Finger wickeln.

Visuelles Framing geschieht also vor allem mit Bildern, wozu natürlich auch Grafiken zählen. Gerade im Jahr 2020 spielten sie in den Medien in Deutschland eine ganz besondere Rolle, nämlich während der Corona-Krise. Täglich gab es bunte Balken und die Vergleiche der Corona-Zahlen zum Vortag, zur Vorwoche und zum Vormonat. Durch (visuelles) Framing entstand eine ganz besondere Wahrnehmung dieser Krankheit in den Köpfen der Menschen. Schauen wir uns nun gemeinsam an, welche Rolle das Framing in der Politik und in den Nachrichten gespielt hat.

Exkurs zum Corona-Framing: Wie gefährlich ist SARS-CoV-2 wirklich?

Nichts hat die Welt 2020 so sehr bewegt wie das Coronavirus. Die Weltgesundheitsorganisation (WHO) bewertete COVID-19 am 30.01.2020 als »gesundheitliche Notlage von internationaler Tragweite« und am 11.03.2020 als »Pandemie«. Wie du aus dem oben Gesagten zum Thema Framing richtig vermutest, hängt die Wahrnehmung der Gefährlichkeit eines Virus extrem davon ab, *wie* und *in welchem Kontext* uns die Zahlen in den Medien präsentiert wurden. Ich weiß, dass dieses Thema sehr emotional für viele von uns ist und die Nation immer noch spaltet. Doch versuchen wir, ohne Zorn und Eifer, uns die Zahlen anzuschauen und zu analysieren, in welchen Kontext sie von den Medien gesetzt wurden. Diesen besonderen Exkurs kannst du aber auch gern überspringen, falls du genug von diesem Thema hast. Er ist jedoch sicher für all jene interessant, die an der Objektivität der Corona-Berichterstattung ihre leichten Zweifel haben.

Bei einer viralen Krankheit wie COVID-19 könnte man folgende Zahlen in den Vordergrund stellen:

a) Die Reproduktionsrate
b) Tägliche Neuinfektionen
c) Erkrankte Menschen
d) Die Todesfallzahlen
e) Die Übersterblichkeit
f) Der Vergleich mit anderen schweren Krankheiten

a) Die Reproduktionsrate: Im März 2020 war die Reproduktionsrate die Hauptmetrik des Robert-Koch-Instituts (RKI), und es sollte darum gehen, die Reproduktionsrate unter den Wert von 1 zu bringen. Der R-Wert gibt an, wie viele Menschen ein Infizierter ansteckt. Die Logik dahinter war einfach: Liegt der R-Wert unter 1, dann nimmt die Zahl der Neuinfizierten laufend ab, und das Virus verschwindet allmählich. So lag der R-Wert in Deutschland am 10.03.2020 bei seinem Höchstwert von 3,4 und fiel bereits vor dem 22.03.2020 (dem Tag des ersten »harten Lockdowns«) unter den gewünschten Wert von 1 (am 21.03.2020 betrug der R-Wert laut RKI 0,97, am 22.03.2020 lag er bei 0,86).

Interessanterweise ist der R-Wert, nachdem er unter 1 fiel, in den Nachrichten nur noch selten erwähnt worden. Über das ganze Jahr hinweg bewegte er sich gemäß dem »Täglichen Lagebericht des Robert-Koch-Instituts« zwischen 0,9 und 1,1 (siehe dazu die Tabelle mit Nowcasting-Zahlen zur R-Schätzung, die vom RKI täglich aktualisiert werden).[42] Beim zweiten »harten Lockdown«, der am 16.12.2020 deutschlandweit in Kraft trat, lag der R-Wert übrigens bei 1,06 und fiel am 20.12.2020 (dem Tag, als ich diese Zeilen verfasste) auf 0,86. Dieser Wert ist natürlich alles andere als Angst einflößend und verschwand, weil unspektakulär, ziemlich früh aus der täglichen Berichterstattung.

b) Tägliche Neuinfektionen: Nach dem R-Wert sind die täglichen Neuinfektionen in den medialen Fokus gerückt und blieben es auch bis Ende 2020. Bereits im März, am Anfang der Pandemie, sagten viele Politiker, man müsse die Verdoppelungsrate verlangsamen. In ihrer Begründung für den »Lockdown light« vom 28.10.2020 sprach die Bundeskanzlerin immer noch davon, dass wir »einen exponentiellen Anstieg der Zahlen« erleben. Doch was genau ist exponentielles Wachstum? Im Grunde ist es relativ einfach: Wenn sich eine Größe in nahezu konstanter Zeit verdoppelt, dann nennen Mathematiker diese Zeit »Verdopplungszeit« und sprechen von »exponentiellem Wachstum«.[43]

Wenn wir uns allerdings die Neuinfektionen anschauen, ergibt sich folgendes Bild: Während sie im März/April vierstellig waren (also zwischen 1 000 und 6 000 Neuinfektionen am Tag), sind sie im Zeitraum Mai bis Juli auf unter 1 000 gesunken. Im August und September stiegen sie wieder etwas an, auf 1 000 bis

2 000 Neuinfektionen am Tag. Exponentielles Wachstum sieht jedoch anders aus. So hatte auch der Virologe Prof. Streeck Ende September erklärt, dass wir bislang nie einen exponentiellen Anstieg hatten.[44] Ab Mitte Oktober sind die Zahlen dann zwar fünfstellig geworden und haben sich im Dezember bei circa 25 000 eingependelt. Doch sieht man in der Gesamtschau von 2020 weniger ein von den Medien und der Politik schon ab März 2020 angekündigtes kontinuierliches exponentielles Wachstum, sondern einen (wie bei der Influenza) saisonal bedingten Anstieg der Fallzahlen in den Wintermonaten.

Ebenfalls interessant ist, dass in den Medien fast ständig nur von Infektionszahlen (präziser wäre übrigens, von »positiv Getesteten« zu sprechen) die Rede war, während die Zahl der täglichen Tests nur selten bis nie erwähnt wurde. Dabei ist klar: Je mehr man auf eine Infektion hin testet, desto höher findet man sie auch. Dabei lasse ich die Zahl der falsch positiven Ergebnisse erst mal außen vor. Hier eine kleine Auswahl der Kalenderwochen mit der entsprechenden Anzahl der Tests gemäß RKI (die kompletten Daten für jede Kalenderwoche sind hier einsehbar):[45]

KW 11: 127 457
KW 21: 354 260
KW 31: 586 620
KW 41: 1 188 338
KW 51: 1 599 120
Insgesamt 2020 getestet: 34 801 593

Wenn man in der Berichterstattung nicht erwähnt, dass jede Woche mehr getestet wird und (auch) deswegen die Zahlen der Neuinfektionen sich ständig erhöhen, dann bekommt man als Zuschauer das beängstigende Gefühl, dass die Lage sehr ernst wird. Würde man die Anzahl der Tests zum Beispiel in der *Tagesschau* immer ins Verhältnis setzen zu der Anzahl der Getesteten, wäre die Angst vor steigenden Infektionszahlen gar nicht mehr so groß.

Natürlich ist auch richtig, dass die Erhöhung der Testzahlen nicht allein zur Erhöhung der Infektionszahlen führt. Viruserkrankungen sind häufig saisonal. Wie auch bei der Grippe steigt die Kurve der Infizierten im Herbst schnell an und fällt Anfang Frühling rasch wieder ab. Es gilt aber auch in 2021 noch als Tabubruch, COVID-19 mit der Grippe zu vergleichen. Daher wurde die Saisonalität eher selten als Ursache für den Anstieg in den kalten Monaten genannt – und die falsch positiven Testergebnisse wurden ebenfalls kaum erwähnt. Kleines Rechenbeispiel: Wenn wir bei den PCR-Tests eine Fehlerrate von 1 Prozent annehmen, haben wir bei einer Million Testungen pro Woche 10 000 falsch positive Infizierte.

Ende 2020 und Anfang 2021 wurde die sogenannte 7-Tage-Inzidenz neu als entscheidende Metrik aufgestellt. Ursprünglich getroffene harte Maßnahmen, die bei einer 200er-Inzidenz gelten sollten (also 200 positiv Getestete pro 100 000 Einwohner), blieben aber lange noch in Kraft, obwohl der Inzidenzwert teilweise auf unter 50 gefallen war. Zum Zeitpunkt der Manuskriptabgabe (Februar 2021) soll nun die 35er-Inzidenz eine neue Voraussetzung für Lockerungen der Corona-Maßnahmen sein, die übrigens keine wissenschaftliche Grundlage hat, sondern eine politische Entscheidung darstellt.[46] Man wird seit Monaten das Gefühl nicht los, dass für die gleiche Politik immer neue Maßstäbe gefunden werden, um sie fortsetzen zu können.

c) **Erkrankte Menschen:** In den Medien kamen interessanterweise lediglich die nackten Infektionszahlen vor, nicht jedoch die Anzahl der tatsächlich erkrankten Menschen – infiziert sein bedeutet ja nicht krank sein. Man kann mit einer Infektion überhaupt keine bis schwache Symptome aufweisen. Doch diese Zahl wäre natürlich viel geringer als die Zahl der Neuinfektionen und daher nicht so medienwirksam. Die Zahl der Kranken wäre jedoch, nüchtern betrachtet, die viel interessantere, und darüber sollten uns Nachrichtensendungen vorzugsweise unterrichten.

Anders formuliert: Es ist im Grunde nicht entscheidend, wie viele Menschen Viren in sich tragen. Solange sie in so geringer Zahl vorhanden sind, dass das Immunsystem darauf gar nicht reagiert und wir keine Beschwerden haben, sind Viren, Bakterien und Pilze für uns vernachlässigbar. Wie viele Menschen durch COVID-19 aber erkrankt sind, also zumindest mittelschwere pathologische Ausprägungen zeigten – darüber haben die Medien nicht berichtet. Doch natürlich lässt sich eine Pandemie medienwirksamer mit hohen und steigenden Zahlen rechtfertigen. Und da sind Infektionszahlen viel passender für das mediale Pandemie-Frame.

d) Die Todesfallzahlen: Vom Ausbruch der Pandemie bis Ende 2020 gab es gemäß dem »Täglichen Lagebericht des Robert-Koch-Instituts« vom 31.12.2020 insgesamt 32 552 Menschen, die mit oder an COVID-19 gestorben sind.[47] Natürlich ist es berechtigt, wenn Politiker an dieser Stelle verlautbaren lassen, dass jeder Tote ein Toter zu viel ist. Doch lässt man den Populismus weg, dann kann man einfach feststellen, dass jedes Jahr sehr viel mehr Menschen an zahlreichen anderen Krankheiten als an COVID-19 sterben, ohne dass uns dazu jeden Tag Todesfall-Statistiken präsentiert werden. So starben 2019 insgesamt 939 520 Menschen, 2018 waren es 954 864.[48] Die Todeszahl an sich sagt kaum etwas aus. Man muss sie in Relation setzen, um ihre Bedeutung einzuordnen. So gab es beispielsweise heute vor 30 Jahren (1991) insgesamt 11 300 Verkehrstote.[49] Etwas polemisch könnte man fragen: Wurde damals deswegen ein Fahrverbot ausgesprochen? Zum Vergleich mit den Todeszahlen durch andere Ursachen kommen wir in Absatz f).

e) Die Übersterblichkeit: An Influenza sind 2016/2017 circa 22 900 und 2017/2018 circa 25 100 gestorben.[50] Diese beiden Zahlen liegen nicht weit weg von der vom RKI festgestellten Todesfallzahl für COVID-19 von 32 552 für das Jahr 2020. Interessant ist wiederum, dass Medien fast nichts zur Übersterblichkeit früherer Jahre sagten. Damals gab es weder einen »harten Lockdown« noch einen »Lockdown light«. In den Nachrichten steht das Corona-Virus für sich. Auch in der Saison 1995/1996 lag die Zahl der Toten durch Influenza bei 24 900. Würde man diese Zahlen offen kommunizieren, würden Zuschauer wohl schnell die Angst vor COVID-19 verlieren.

Zudem muss man zur Einordnung der Sterbefallzahlen berücksichtigen, dass sie auch von der Altersstruktur der Bevölkerung abhängen. Ist der Anteil der Alten höher, gibt es absolut betrachtet auch mehr Todesfälle. 2020 waren laut Max-Planck-Institut für demografische Forschung 6,83 Prozent der Bevölkerung über 80 Jahre alt – im Jahr 2016 waren es noch 5,75 Prozent. Was nach einem kleinen Unterschied aussieht, ist prozentual gesehen ein Wachstum von vollen 20 Prozent! Dagegen ist die Altersgruppe der 35- bis 59-Jährigen seit 2016 um rund 2 Prozent geschrumpft. Die logische Schlussfolgerung: Durch die veränderte Altersstruktur würde es auch ohne COVID-19 höhere Todeszahlen geben. So betonte auch der Statistiker der LMU München, Prof. Göran Kauermann, dass aufgrund der veränderten Altersstruktur auch ohne Corona circa 40 000 Menschen mehr gestorben wären als in den Vorjahren.[51] Doch die Medien berichten kaum bis nie über den relativen Anstieg der Alten an der Bevölkerung, sondern fast ausschließlich über absolute Todeszahlen – weil die absoluten Zahlen besser zum Pandemie-Frame passen.

f) Vergleich mit anderen Krankheiten: Obwohl es eine Vielzahl von Krankheiten gibt, an denen Menschen sterben, gab es für die Medien 2020 nur den alleinigen Fokus auf COVID-19. Schauen wir auf Todeszahlen, bedingt durch andere Ursachen, im Jahr 2019:[52]

Tote durch Herz-, Kreislauferkrankungen: 331 211
Tote durch Krebserkrankungen: 231 318
Tote durch Tabakkonsum: 127 000[53]
Tote durch Alkoholkonsum: 74 000[54]
Tote durch Sturz: 16 657
Tote durch Suizid: 9 041
Tote in Zusammenhang mit COVID-19: 32 552 (in 2020)

Keineswegs möchte ich die Zahl der COVID-19-Toten in dieser Gegenüberstellung verharmlosen. Aber angesichts dieser Todeszahlen im Vergleich drängt sich eine Frage auf: Warum haben die Medien ihr Corona-Framing so gewählt, dass nur eine Todesursache unter vielen uns täglich, ja fast stündlich, seit über einem Jahr präsentiert wird? Obwohl doch pro Jahr viel mehr Menschen an Tabak- und Alkoholkonsum sterben. Warum werden die Corona-Toten von den Medien priorisiert?

Meine Antwort darauf: Es ist die Kombination aus drei Mechanismen, die für Medien (und uns Menschen allgemein) bestimmend sind:

Mechanismus 1: *When it bleeds, it leeds* (frei übersetzt: Blut ist für Verkaufszahlen gut).
Mechanismus 2: *Neugier bzw. Neuigkeitswahn* der Menschen, das heißt, dass wir immer intensiver auf etwas Neues reagieren und vom Alten eher gelangweilt sind.
Mechanismus 3: unser *Herdentrieb.* Wenn sich eine Mehrheitsmeinung gebildet hat, trauen wir uns nicht, auszuscheren und von der Mehrheit isoliert zu werden.

Im Fall von COVID-19 kommen alle drei Mechanismen teuflisch gut zusammen: Erstens sterben Menschen weltweit an diesem unsichtbaren Virus. Zweitens ist das Virus (zumindest in der Mediendarstellung) neu, unbekannt und gerade deswegen besonders gefährlich. Drittens ist diese Gefährlichkeit von COVID-19 auch weltweit zur Mehrheitsmeinung geworden. Die Vertreter der Mindermeinung gelten entweder als Verschwörungstheoretiker oder auf sonstige Weise geistig eingeschränkt. Ob die Politik bei diesem Corona-Framing involviert ist, vermag ich nicht zu beantworten. Doch war dieser Exkurs hoffentlich augenöffnend, insbesondere für jene, welche die Corona-Berichterstattung nur aus den alltäglichen Medien-Frames gesehen haben.

Das Gegengift: Was tun gegen den Framing-Effekt?

Ob wir es also mit zeitlichem, visuellem oder medialem Framing zu tun haben – der Trick ist immer derselbe: Es wird uns nur ein bestimmter Aspekt der Realität gezeigt. Der Rest fällt aus dem Rahmen und wird für uns unsichtbar. Was ist nun das Gegengift? Um nicht auf das Framing hereinzufallen, müssen wir eine Gewohnheit entwickeln, skeptisch gegenüber den uns vorgegebenen Informationen zu sein. Und zwar nicht in dem Sinne skeptisch, dass uns Lügen aufgetischt werden, sondern in dem Sinne, dass uns ein wichtiger Teil der Realität verschwiegen wird. Kurz gesagt: Menschen manipulieren kann man nicht nur durch das Gesagte, sondern auch durch das Nicht-Gesagte. Wenn wir also jemandem aufmerksam zuhören möchten, müssen wir uns immer auch fragen: »Was hat er uns nicht gesagt?«

Doch es gibt auch ein zweites Gegengift: Wir können uns selbst gegen das Framing primen! Das bedeutet: Wir können uns bei der Informationsaufnahme dazu auffordern, analytischer zu sein und das komplette Bild zu sehen. In einem spannenden Experiment[55] haben Forscher jungen und älteren Probanden Entscheidungsaufgaben gestellt, die im Gewinn-Frame oder im Verlust-Frame formuliert wurden und eine ganz bestimmte

Entscheidung hervorrufen sollten. Einer Gruppe wurde vorher gesagt, sie sollten bei der Lösung der Aufgaben »einfach ihrer Intuition« vertrauen. Die andere Gruppe dagegen sollte vor den geframten Entscheidungsaufgaben entweder Rechenaufgaben lösen oder »wie ein Wissenschaftler denken«. Wer ist auf das Framing hereingefallen? Natürlich die Gruppe, die ihrer Intuition vertrauen sollte. Nicht reingefallen sind die, welche vor der eigentlichen Aufgabe ihr analytisches Denken hochgefahren haben. Wenn wir also eine wichtige Information aufnehmen, sollten wir bewusst das analytische Denken anwerfen und uns stärker konzentrieren.

Doch das analytische Denken kostet mehr Energie. Und wir Menschen sind leider wie Energiesparlampen. Wir schalten das analytische Denken meist aus, um Energie zu sparen. Ist ja auch bequemer – und das Leben ist ohnehin schon anstrengend genug. Doch das Nicht-Denken hat einen Preis: Wir können leichter von einem satanischen Verhandlungskünstler manipuliert werden und bemerken seinen Framing-Versuch überhaupt nicht. Wer also denkfaul ist, bezahlt beim Verhandeln einen höheren Preis – im wahrsten Sinne dieses Wortes.

IV. Cialdinis »Teuflische Sechs«: Psychologische Beeinflussung

In der Wirtschaft geht es nicht gnädiger zu
als in der Schlacht um den Teutoburger Wald.

Friedrich Dürrenmatt

Robert Cialdini ist ein ehrenwerter Mann, und er ist ein ehrenwerter Wissenschaftler. Doch ausgerechnet er gab dem satanischen Verhandlungskünstler sechs mächtige psychologische Werkzeuge an die Hand, mit denen es sich fabelhaft manipulieren lässt. Im Jahr 1984 veröffentlichte der einstige Professor für Psychologie und Marketing sein bahnbrechendes Buch mit dem Titel *Die Psychologie des Überzeugens*,[56] in dem er sechs Prinzipien aufstellte, mit denen man Menschen überlisten kann. Er selbst nannte seine sechs Prinzipien ausdrücklich »Waffen«,[57] mit deren Hilfe es jedem möglich wäre, »Leute zu automatischer, gedankenloser Zustimmung zu bringen; mit anderen Worten zu der Bereitschaft, *Ja* zu sagen, ohne zuerst darüber nachzudenken«.[58]

Klingt das nicht teuflisch gut? Gedankenlose Zustimmung zu einem Deal-Vorschlag zu bekommen ist genau das, was sich ein satanischer Verhandlungskünstler in seinen kühnsten Träumen wünscht. Und aus diesem Grund nenne ich in meinen Vorträgen und Workshops diese Prinzipien auch »Cialdinis Teuflische Sechs«. Der Psychologieprofessor ist natürlich aus ethischen Gründen gegen den manipulativen Einsatz seiner Prinzipien. Doch auf der letzten Seite seines Buches erkennt auch er, dass man aus diesen sechs psychologischen Prinzipien Profit für sich schlagen kann. Und da es, dem Eingangszitat von Dürrenmatt zufolge, in der Wirtschaft nicht gerade zimperlich zugeht, wird von nicht so ehrenwerten Frauen und Männern jeder eigene

Vorteil und jede Schwäche und Unwissenheit des Gegners ausgenutzt. In seinem neuesten Buch *Pre-Suasion* fügt Cialdini hinzu:

Wenn wir psychologische Taktiken anwenden können, um Zustimmung zu erzielen, heißt das nicht, dass wir das auch dürfen. Die Taktiken können dem Guten oder dem Bösen dienen. Sie können so strukturiert sein, dass sie andere täuschen und damit ausbeuten. Oder so, dass sie andere informieren und stärken.[59]

Als würde der satanische Verhandlungskünstler Herrn Cialdini um Erlaubnis bitten! Natürlich wird er die psychologischen Prinzipien nach bestem Wissen und Gewissen zur Verhandlungsmanipulation einsetzen. Der gute Herr Professor war sogar so nett, uns 30 Jahre nach dem Erscheinen seines Bestsellers auch noch zu verraten, in welcher Reihenfolge wir die sechs Prinzipien anwenden sollen, damit sie in einem Gespräch am besten wirken.[60] In ebendieser Reihenfolge werden wir die Prinzipien auch analysieren und auf konkrete Verhandlungssituationen applizieren:

In der **ersten Gesprächsphase** sollen die beiden Prinzipien Reziprozität und Sympathie angewendet werden, um einen positiven ersten Eindruck zu kultivieren.

In der **zweiten Gesprächsphase** soll die Unsicherheit beim Gesprächspartner durch Social Proof und das Autoritätsprinzip reduziert werden. Der andere soll durch vorgestellte (oder eben auch vorgegaukelte) Mehrheiten und Experten ein gutes Gefühl für die Richtigkeit seiner Entscheidung bekommen.

In der **dritten Gesprächsphase** schließlich soll unser Gesprächspartner ins Handeln kommen. Dabei helfen uns die letzten beiden psychologischen Mechanismen, nämlich das Konsistenzprinzip und das Knappheitsprinzip.

Schauen wir uns nun an, wie der satanische Verhandlungskünstler jedes dieser sechs Prinzipien in der Verhandlung einbauen wird, um aus dir Profit zu schlagen. In diesem Abschnitt kommen übrigens, natürlich anonymisiert, viele meiner Coaching-Kunden zu Wort – weil die besten Fälle das Leben schreibt.

Erstes Cialdini-Prinzip: Mit Reziprozität entzücken

Wir alle wissen: Für den ersten Eindruck gibt es keine zweite Chance. Daher bemühen wir uns zum Beispiel bei einem ersten Date oder wichtigen beruflichen Termin um gutes Aussehen und gute Manieren. Doch gibt es da noch etwas, womit man bei dem allerersten Treffen nicht nur beeindrucken, sondern sogar begeistern und verzaubern kann: ein passendes Geschenk.

Das Wort »Reziprozität« steht für Gegenseitigkeit. Schon die alten Römer haben dieses Prinzip gekannt und mit ihrer lakonischen Formel wunderbar getroffen: *Do ut des* – Ich gebe, damit du (auch) gibst. Denn es zeigt sich, dass wir meistens schenken, weil wir selbst einen Vorteil davon haben – und sei es, weil wir uns an der Freude des anderen erfreuen wollen. Wenn wir geben, um etwas zu bekommen, dann können wir von »positiver Reziprozität«[61] sprechen. Doch Gegenseitigkeit funktioniert auch in die andere Richtung: Wenn uns jemand verbal attackiert, dann haben wir ein starkes Bedürfnis, mit einem fiesen Spruch zurückzuschlagen. Ein altes Beispiel für »negative Reziprozität« kennst du: Auge um Auge, Zahn um Zahn.

Weil wir in einer Verhandlung von dem anderen etwas haben möchten, geht es vor allem um wohlwollende Reziprozität. Dieses Prinzip ist so fest in unserer Psyche verankert, dass wir völlig irrational handeln können, wenn wir etwas unerwartet bekommen. Genau das wird der satanische Verhandlungskünstler ausnutzen. Ein Beispiel für Irrationalität gefällig?

Bei einem sehr hübschen Experiment[62] verschickte ein Professor Weihnachtskarten an ihm völlig unbekannte Menschen. Ihre Anschriften suchte er zufällig aus einem Adressbuch aus. Und es geschah etwas Unerwartetes: Über 20 Prozent der Empfänger antworteten dem (unbekannten) Professor auf seine Weihnachtsgrüße. Einige schrieben, dass sie sich an die »alte Freundschaft« erinnerten, einige riefen sogar an, um sich zu bedanken. Wichtiges Detail: Auf teure Weihnachtskarten wurde häufiger geantwortet als auf billige.

Wir kennen dieses Prinzip ja auch: Wenn Petra uns ein teures Geschenk macht, dann fühlen wir uns verpflichtet, ihr zum Geburtstag ebenfalls ein teures Geschenk zu machen. Ein Geschenk schafft also ein moralisches Schuldverhältnis, ein Ungleichgewicht, das wir möglichst bald ausgleichen wollen. Hier ein schönes Beispiel, wie Reziprozität im Alltag funktionieren kann.

Fall 11: Die bunte Bhagavad Gita

Eines Nachmittags schlenderte Wladislaw durch die Innenstadt von München. Er ist kein Materialist und kein großer Fan vom Shopping. Doch hin und wieder zieht es ihn in die Innenstadt. Plötzlich wird er von einer sympathischen älteren Dame angesprochen: »Junger Mann, ich möchte Ihnen ein Geschenk machen. Ich komme ursprünglich aus Indien, und wir haben ein heiliges Buch, es heißt Bhagavad Gita. Es ist sehr alt und voller Weisheit – wie die Bibel. Nehmen Sie es als Geschenk. Sie werden sehr viel lernen.« Wladislaw, da er gern liest, nahm dieses Buch dankend an und freute sich über das schöne bunte Cover. Beim Verabschieden sagte die Frau: »Unsere Religionsgemeinde ist auf kleine Spenden angewiesen. Würden Sie uns mit fünf Euro unterstützen?«

Diese Geschichte ist mir tatsächlich passiert. Um ehrlich zu sein, habe ich völlig gedankenlos und automatisch mein Portemonnaie herausgeholt und ihr sogar zehn Euro gegeben. Natürlich hatte ich Cialdinis Buch zu dieser Zeit schon längst gelesen – sogar zwei Mal. Doch Wissen schützt vor dem mächtigen Reziprozitätsprinzip nicht. Ich wollte meine »Schuld« ausgleichen, und erst nach circa fünf Minuten habe ich gemerkt, wie ich auf dieses Geschenk reingefallen bin. Ich bin ja selbst nicht gläubig und hatte auch nie vor, diesen spirituellen hinduistischen Text zu lesen. Doch weil das Geschenk so unerwartet und so herzlich überreicht wurde, war ich machtlos und gab sogar mehr Geld, als man von mir erbeten hatte.

In einem anderen schönen Experiment[63] zum Thema Reziprozität wurde einer Kellnerin an einer Cocktail-Bar die Aufgabe gestellt, mal ein »minimales Lächeln« und mal ein »maximales Lächeln« aufzusetzen. Das Ergebnis: Sowohl männliche als auch weibliche Gäste haben bei einem maximalen Lächeln nicht nur häufiger zurückgelächelt, sondern auch mehr Trinkgeld gegeben. Freundlichkeit zahlt sich also im wahrsten Sinne des Wortes aus. Und je mehr Freundlichkeit (Stichwort »maximales Lächeln«), desto größer ist die Rentabilität.

Ist dir zum Beispiel aufgefallen, dass es im Internet nur so wimmelt von sogenannten »Freebies«, kostenlosen kleinen Geschenken wie Rabattgutscheinen oder E-Books? Doch diese Geschenke gibt es nicht einfach so. Wir müssen in den allermeisten Fällen dafür mit unserer E-Mail-Adresse bezahlen und sind dann im Newsletter-System des Anbieters, der uns wöchentlich seine nicht mehr ganz so günstigen Angebote schickt. Wir müssen also extrem darauf achten, von wem wir uns was schenken lassen.

Doch Reziprozität funktioniert nicht nur auf der materiellen Ebene. Wie ein neueres Verhandlungs-Experiment[64] gezeigt hat, können wir auch auf immaterielle Art und Weise unseren Verhandlungspartner manipulieren. Wie das geht, zeigt der folgende Fall.

Fall 12: Wenn Offenheit sich auszahlt
Stelle dir vor, es ist das Jahr 1970 und du möchtest an einen Kunden ein 15 Jahre altes Auto verkaufen. Der einzige Verhandlungspunkt ist der Preis. Du kennst deinen Kunden nicht und gehst auch nicht davon aus, ihn jemals wiederzusehen. Ihr beide habt jeweils eine Alternative, falls es nicht zu einem Deal kommt. Deine Alternative ist, dass es einen anderen Kunden gibt, der bereit ist, dir das Auto für 3000 Euro abzukaufen. Durch Zufall kennst du auch die Alternative deines Kunden: Eigentlich will er dein Fahrzeug auseinandernehmen und die Teile in einem anderen Auto verbauen; kommt es zu keinem Deal, dann müsste er sich für 6000 Euro die Einzelteile woanders besorgen. Zudem weißt du, dass (a) der Kunde nichts von deiner Alternative weiß und (b) auch nicht weiß, dass du seine Alternative mit den Einzelteilen kennst. Unter normalen Umständen würdet ihr euch wahrscheinlich auf einen Preis irgendwo zwischen 3000 Euro und 6000 Euro einigen. Oder du könntest auch bluffen und sagen, dass ein anderer Kunde dir 5500 Euro bietet und du ihm das Auto nur zu diesem Preis verkaufen kannst. Damit käme er immer noch 500 Euro günstiger weg. Was würdest du tun?

Interessant an diesem Fall ist aber Folgendes: Obwohl du deinem Käufer gegenüber einen Informationsvorsprung hast und dadurch scheinbar mehr Verhandlungsmacht, kann er dich mithilfe des Reziprozitätsprinzips so beeinflussen, dass du einen niedrigeren Preis für das Auto ansetzt. Das geht ganz einfach: Indem der Käufer offen und ehrlich über seine Alternative spricht, gibt er dir einen immateriellen Wert. Diese Information schafft ein neues Schuldverhältnis, dem zufolge jetzt du ihm etwas entgegenkommen musst. Anders ausgedrückt: Seine Ehrlichkeit bringt dich dazu, nicht offensiv zu bluffen, sondern einen niedrigeren Kaufpreis anzubieten. Das ist jetzt keine Vermutung von mir, sondern das Ergebnis des im obigen Fall zitierten Experiments: Je offener der Käufer über seine (ungünstige) Lage gesprochen hat, desto günstiger wurde ihm das Auto angeboten.[65] Die Forscher schlussfolgerten: Nicht nur das Eigeninteresse spielt bei Verhandlungen eine Rolle, sondern auch das Reziprozitätsprinzip.

Sicherlich spielt Mitleid dabei auch eine Rolle: Du siehst, wie schlecht seine Alternative ist – und daher willst du diese dir nun offen kommunizierte Lage nicht ausnutzen. Der Trick: Im echten Leben kann der satanische Verhandlungskünstler sich natürlich eine schlechte Alternative ausdenken, offen darüber sprechen und dir dadurch ein schlechtes Gewissen machen. Diese Art von Mitleidsargumenten[66] war schon in der Antike bekannt, unter dem Namen *argumentum ad misericordiam.* Und natürlich funktioniert gerade bei emotionalen Menschen die Mitleidstour hervorragend. Insbesondere kannst du das Mitleid beim anderen dadurch steigern, dass du (a) deine Lage als möglichst aussichtslos darstellst, (b) dir nicht aus eigener Kraft helfen kannst und (c) deine Zielperson die einzige ist, die dir schnell aus der Patsche helfen kann. Doch im obigen Experiment hat es auch ausgereicht, einfach nur Informationen mit dem Verkäufer zu teilen, ohne Mitleid zu erwecken. Durch dieses Experiment haben wir also gesehen, dass bei Reziprozität auch immaterielle (Offenlegung von Information) gegen materielle Güter (geringerer Verkaufspreis) getauscht werden können.

Stichwort Informationsvorsprung: Im oben genannten Verhandlungsfall kanntest du durch Zufall die Alternative deines

Kunden. Im echten Leben kennen wir die »Nichteingehungsalternative« unseres Verhandlungspartners häufig nicht. Wie können wir dennoch an diese Infos kommen, auch wenn der andere keine Informationen mit uns teilen will? Wahrscheinlich ahnst du es schon: wieder durch das Ausnutzen des Reziprozitätsprinzips. Schon Machiavelli wusste: Die beste Methode, um Informationen zu bekommen, ist die, selbst welche zu geben. In diesem Fall bringen wir den anderen dazu, mehr zu erzählen, indem wir ihm vorher selbst mehr erzählen. Und indem wir offen Informationen über uns preisgeben, schaffen wir wiederum ein moralisches Ungleichgewicht, sodass unser Verhandlungspartner jetzt das Gefühl hat, ebenfalls Informationen mit uns teilen zu müssen.

Und jetzt kommt der satanische Trick: Die Informationen, die du teilst, müssen nicht stimmen beziehungsweise können für den vorliegenden Deal irrelevant sein. Nach einem längeren Redeanteil wird der andere nun das Pflichtgefühl verspüren, ebenfalls etwas mitteilen zu müssen. Damit findet Reziprozität rein auf der immateriellen Ebene erfolgreich statt – und du bekommst mehr (Infos), weil du vorher mehr (Infos) gegeben hast. Schauen wir uns nun einen weiteren Fall an, der im Internet gerade seine Runde macht,

Fall 13: Das kostenlose Strategiegespräch

Jana möchte mit ihrem Instagram-Profil die 10 000 Abonnenten knacken. Doch nach zwei Jahren hat sie nicht einmal tausend Abonnenten sammeln können. Auf der Suche nach Tipps im Internet kam sie auf die Seite von Karl, der ein kostenloses 60-minütiges Strategiegespräch anbietet, bei dem er ganz individuelle Tipps zu Instagram-Profilen gibt. Jana ist begeistert und meldet sich sofort zu diesem Gespräch an, das gleich am Folgetag über Zoom stattfindet. Sie hat viele Fragen vorbereitet – und Karl hat sie alle beantwortet. Das Gespräch hat sogar 80 Minuten gedauert, doch sagte Karl, dass das absolut kein Problem sei und dass er Jana sehr gern geholfen habe. Am Ende des Gesprächs bietet er ihr ein 10-Stunden-Coaching-Paket an – und Jana sagt, sie müsse noch eine Nacht darüber schlafen. Darauf entgegnet Karl: »Nachts wirst du ja sicher nicht nachdenken. Ich möchte mit Menschen zusammenarbeiten, die schnelle Entscheider sind. Genau das sind die Menschen, die Erfolg haben werden, weil sie Dinge sofort anpacken!« Nach einer kurzen Gesprächspause stimmt Jana zu und entscheidet sich für das Coaching-Paket.

Offensichtlich hat hier wieder die Reziprozität zugeschlagen. Clever von Karl war nicht nur, eine ganze Stunde kostenlos anzubieten, sondern auch, diese Stunde zu überziehen. Dadurch stand Jana noch mehr in seiner Schuld. Clever war es auch, das Coaching nicht einfach nur über das Telefon durchzuführen, sondern es als Video-Call über Zoom zu gestalten. Dadurch konnte sie ihn nicht nur hören, sondern auch sehen – und dadurch stieg die Sympathie zu ihm noch mehr (zur Sympathie kommen wir gleich ausführlich).

Hast du in Karls letzter Aussage auch eine clevere Framing-Technik entdeckt? Falls nein, hier die Auflösung: Er hat die schnellen Entscheider als erfolgreich dargestellt. Dieser Rahmen ist natürlich höchst manipulativ. Warum sollten gerade schnelle Entscheider erfolgreicher sein? Schnell entscheiden bedeutet häufig auch, fehlerhaft zu entscheiden. Je komplexer eine Fragestellung ist, desto mehr Zeit sollte man sich für sie nehmen. In diesem Fall wäre es für Jana zum Beispiel ratsam gewesen, sich noch einen Tag Zeit zu nehmen und Erfahrungsberichte und Rezensionen zu Karl zu lesen, um festzustellen, wie zufrieden andere mit seiner Arbeit sind. Weil aber Jana so sehr in das Frame der erfolgreichen Menschen hineinpassen wollte, hat sie sich gern in eine »schnelle Entscheiderin« verwandelt und das Coaching-Paket gekauft.

Wie du an dem letzten Verhandlungsfall siehst, nutzt der satanische Verhandlungskünstler nicht nur eine einzige Technik, sondern einen ganzen Strauß davon. Doch bleiben wir für einen letzten Moment bei der Reziprozität: Was sollten wir tun? Niemals kostenlose Strategiegespräche annehmen? Cialdini hat dazu eine schöne Antwort: Reziprozität bedeutet, dass man Gefallen mit Gefallen beantwortet; das heißt aber nicht, dass man Tricks mit Gefallen beantworten muss.[67] Und wer sagt eigentlich, dass du einen Trick nicht ausnutzen darfst? Denkbar wäre ja auch, das kostenlose Strategiegespräch einfach mitzumachen, alle Tipps zu bekommen – und am Ende das angebotene Paket einfach auszuschlagen. Juristisch kann dich kein Karl der Welt dazu zwingen, nach einem kostenlosen Strategiegespräch etwas zu kaufen.

Doch selbst wenn ein solches Vorgehen nicht deine Art ist, eines solltest du bedenken: Geschenke (auch in Form von Zeit) sind zwar verlockend, aber höchst manipulativ. Wir sollten uns daher genau aussuchen, von wem wir sie annehmen wollen – und sie im Zweifel lieber dankend ausschlagen. Denn wenn wir sie annehmen, entsteht automatisch ein moralisches Ungleichgewicht, was uns zu irrationalem Handeln bringen wird. Abschließend, als Warnung, die Worte einer Coaching-Kundin von mir, in denen sie das Verhältnis zu ihren Vorgesetzten beschreibt.

Fall 14: Wenn Vorgesetzte uns etwas schenken

Nach einem langen Zeitraum, in dem es immer wieder Geschenke gab, kamen von meinen Vorgesetzten Forderungen. Erst nett, dann immer einfordernder, schließlich wurde auch mit den Geschenken als Druckmittel argumentiert – nach dem Schema: Wir haben dich doch so reichlich beschenkt, und jetzt willst du nicht für uns hier an dieser Sache arbeiten? Da habe ich bereut, die Geschenke angenommen zu haben.

Zweites Cialdini-Prinzip: Mit Sympathie bezirzen

Sympathische Menschen ziehen uns magisch an. Kein Wunder, dass wir mit sympathischen Menschen viel lieber einen Deal abschließen wollen als mit unsympathischen. Sympathie entsteht aus ganz unterschiedlichen Gründen: durch Attraktivität, Ähnlichkeit, Komplimente, Humor, Aufmerksamkeit, Respekt, Fürsorge – und diese Auflistung ist natürlich nicht abschließend. Das Fiese an der Sympathie: Der satanische Verhandlungskünstler kann sie künstlich erzeugen und uns dadurch ausbeuten. Es ist für ihn deswegen so einfach, weil die meisten Menschen folgende zwei Glaubenssätze beim Thema Sympathie haben: (a) »Entweder es passt zwischen uns – oder eben nicht« und (b) »Wir waren einfach (nicht) auf einer Wellenlänge«. Der Trick besteht nun darin, dass ein manipulativer Mensch seine Wellenlänge wie bei einem Radioregler an die Wellenlänge seines Gegenübers anpassen kann.

Vor allem die Attraktivität hat es uns angetan, und wir finden hübsche Menschen generell sympathischer. In unzähligen Experimenten wurde bestätigt, dass gut aussehende Menschen zum Beispiel eher eingestellt werden als ihre weniger schönen Mitbewerber,[68] dass hübsche Menschen mehr Gehalt bekommen als ihre nicht ganz so hübschen Kollegen[69] und dass schöne Angeklagte in Strafprozessen geringere Haftstrafen bekommen.[70] Attraktivität strahlt sogar auf Gegenstände aus: So hat man in einer Studie[71] Männern eine Autowerbung mit einer hübschen Frau gezeigt. Das besondere Ergebnis: Diese Männer bewerteten das Auto als schneller und schöner als jene Männer, denen die Werbung ohne die hübsche Frau gezeigt wurde. Als man sie aber auf den Einfluss der attraktiven Frau auf ihre Bewertung des Autos ansprach, stritt unser starkes Geschlecht jede Beeinflussung natürlich ab.

Es wird noch abstruser! Ich konnte es selbst kaum fassen: Bei einer Studie waren 46 Prozent der Frauen eher gewillt, ihren eigenen Hund zu retten, als einen fremden Touristen.[72] Sympathie für Tiere kann tatsächlich bei vielen größer sein als für menschliche Artgenossen. Dass Hunde süß sind mit ihren Kulleraugen, ist klar. Trotzdem machen mir die anderen 54 Prozent der Frauen doch noch etwas Hoffnung … Aber zurück zum Ernst des Lebens: Sympathische Menschen stehen bei uns so hoch im Kurs, dass wir eher uns als ihnen Fehler und Unzulänglichkeiten zuschreiben. Hier ein schriftliches Geständnis eines Coaching-Kunden von mir:

Fall 15: Zu sympathisch, um böse zu sein

Ich habe mal drei Tage für jemanden gearbeitet, den ich gut kannte und ultrasympathisch fand. Vor den drei Tagen hatten wir ausgemacht, was ich dafür bekomme. Wir beschlossen aufgrund von steuerlichen Geschichten, dass ich von ihm für meine Arbeit ein bestimmtes Material im Wert von etwa 800 Euro bekomme. Er musste das Material erst bestellen und sagte, ich könne es eine Woche später abholen. Leider wusste er eine Woche danach nichts mehr davon, und ich habe meine Entschädigung nie erhalten. Das Schlimme daran: Ich bin überzeugt, dass ich nicht übers Ohr gehauen wurde; sondern dass er es wirklich nicht mehr wusste.

Ein schöner Fall aus der Realität, welcher zeigt, wie tückisch es mit Sympathiebomben ist. Doch können natürlich nicht nur Körper und Kleider, sondern auch Stimmen als schön wahrgenommen werden. In einer Studie wurden Mitarbeiter eines Callcenters, die eine angenehme Stimme hatten, nicht nur als kompetenter eingeschätzt, sondern die Anrufer vermuteten auch, dass sie sich mehr Mühe geben würden, ihr Problem zu lösen.[73] Dazu ein eindringlicher Fall meiner Coaching-Kundin Gesine:

Fall 16: Killing me softly with his voice

Mein Team in einer Suchtberatungsstelle hatte einmal eine mehrstündige Sitzung, in der unser Chef (Psychologe) ein paar Neuerungen einbrachte, die viel mehr Arbeit für alle bedeuteten. Es ging um zusätzliche Telefondienste am Wochenende. Erst stellte er die geplanten Veränderungen vor, danach ermunterte er die leicht schockierten Teilnehmer, ihre Gegenargumente einzubringen. Diese zerpflückte er dann minutiös und sehr wertschätzend. Anschließend erläuterte er in mehrfachen Wiederholungen die Gründe für die Neuerungen, die alle sehr einleuchtend klangen. Mit seiner freundlichen, sanften Stimme lullte er alle ein – am Ende saßen alle da und nickten im Takt! Ich war total erstaunt damals und überlegte, ob das wohl eine Art Hypnose war? Erst in Schockstarre versetzen, dann mit wachsweicher Stimme einlullen.

Es ist aber nicht nur so, dass wir sympathischen Menschen viel seltener widersprechen möchten. Es ist auch so, dass wir sympathischen Menschen mehr mitteilen möchten, um ihre Gunst zu gewinnen. Doch leider können fiese Menschen diese Offenheit gegen uns wenden. So geschehen bei meiner Coaching-Kundin Anke.

Fall 17: Mit Sympathie Infos erschleichen, die verletzlich machen

Ich wurde mit vermeintlicher Sympathie fies um den Finger gewickelt! Die Chefin bot neuen Mitarbeitern Seminare zur persönlichen Weiterentwicklung an, wodurch sie auf mich einen super Eindruck gemacht hatte. In diesen Seminaren öffnete man sich, ich auch, erzählte persönliche Dinge. Die Chefin nutzte dieses Wissen später aus und bedrängte, erpresste und unterdrückte uns. Bei mir endete das ewige Vorhalten in ihren Augen gescheiterter Begebenheiten in meinem Leben im Burnout 2011, psychosomatischen Folgeerkrankungen und Erwerbsminderungsrente. Ein ordentliches bzw. positives Zeugnis bekam ich übrigens auch nicht. Der glänzende erste Eindruck glänzte nicht lange.

Hier hat die Chefin die Fürsorge-Karte eiskalt ausgespielt und dadurch Sympathie und Offenheit ihrer Mitarbeiter gewonnen. Das Leben schreibt leider nicht nur die schönsten, sondern auch die fiesesten Geschichten. Doch natürlich können wir nicht nur im Berufsleben, sondern auch im Privaten auf satanische Verhandlungskünstler hereinfallen. Denn verhandelt wird auch beim Dating. Und kaum irgendwo wird mehr gelogen als beim allerersten Date. Sehr schön dargestellt in den Worten meiner Coaching-Kundin Karin:

Fall 18: Der perfekte Mann mit den vielen Interessen

Mein damaliger Freund hat sich bei unserem Kennenlernen verstellt und so getan, als hätte er viele Interessen, Hobbys und Freunde. Dadurch hat er sehr interessant und sympathisch gewirkt. Leider hat gar nichts davon gestimmt, und das habe ich erst nach und nach in der Beziehung herausgefunden. Er erzählte zum Beispiel auch, dass er viel Sport machen würde. Doch kaum waren wir zusammen, ist er nie (wieder?) ins Fitnessstudio gegangen.

Es gibt noch eine weitere teuflisch gute Idee, wie man schnell Sympathie herstellen kann: mit Humor. Menschen lieben witzige und kreative Bemerkungen. Denn das macht gute Laune – und die will jeder haben. Es ist sogar empirisch bewiesen, dass humorvolle Menschen nicht nur wärmer, sondern auch kompetenter eingeschätzt werden als streng seriöse Zeitgenossen.[74]

Stell dir vor, du bist Arbeitgeber und hast zwei Bewerbungsgespräche für eine offene Stelle. Beiden Bewerbern stellst du dieselbe klassische Bewerbungsfrage: »Wo liegen Ihre Schwächen?«

Bewerber Nr. 1 antwortet ernst: *Ich bin nicht gut in Mathe.*

Bewerber Nr. 2 antwortet süffisant: *Ich bin nicht gut in Mathe, vor allem bei Geometrie muss ich eine klare Linie ziehen!*[75]

Die zweite Antwort ist geistreich, und auch wenn es nicht der beste Witz der Welt war, muss man doch schmunzeln. Bei ansonsten gleicher Qualifikation wirst du sicher den humorvollen Bewerber einstellen. Doch natürlich kann man diese Art von Humor akribisch zu Hause vorbereiten und damit in der passenden Situation glänzen. Bei satanischer Verhandlungskunst denken die meisten oft an einen absoluten Bösewicht, den man schon aus großer Ferne erkennt. Aber es sind häufig die besonders sympathischen und netten Menschen, die uns gekonnt über den Tisch ziehen.

Wie kann man sich gegen diese sympathischen und magnetischen Persönlichkeiten wappnen? Cialdini selbst empfiehlt, sich gar nicht so sehr zu fragen, woher unsere Sympathie bei einem Menschen kommt. Das kann tausend Ursachen haben. Vielmehr sollten wir überhaupt registrieren, dass wir für eine Person plötzlich und unerwartet viel Sympathie empfinden. Seine Testfrage lautet: »In den 25 Minuten, in denen ich diesen Menschen kennengelernt habe: Mag ich ihn wider Erwarten mehr, als ich erwartet hätte?«[76] Erst wenn die Antwort darauf positiv ist, sollten wir die sympathische Person (Beziehungsebene) strikt von dem trennen, was sie uns inhaltlich verkaufen will (Sachebene). Wenn die Sachebene stimmt, können wir uns ja problemlos auf die sympathische Person einlassen. Sind die Argumente der höchst sympathischen Person jedoch schäbig, ist das ein starkes Anzeichen dafür, dass jemand mit dir das Sympathiespiel spielt und dich abzocken will.

Mit den beiden Prinzipien Reziprozität und Sympathie haben wir die erste Phase des Verhandelns abgeschlossen, bei der ein satanischer Verhandlungskünstler einen exzellenten ersten Eindruck bei uns hinterlassen will. Jetzt geht es zur zweiten Verhandlungsphase, in der unser Manipulant uns mit Social Proof und Autorität in falscher Sicherheit wiegen will.

Drittes Cialdini-Prinzip: Mit Social Proof beeindrucken

Social Proof lässt sich mit »sozialer Nachweis« übersetzen. Dieser von Cialdini geprägte Begriff bezeichnet die Tatsache, dass Menschen sich von Mehrheiten überzeugen lassen. Es ist die bekannte Logik des Herdentriebs: Wenn viele Menschen sich für X entschieden haben, dann muss X gut sein. Der Begriff »Social Proof« ist vielleicht neu, aber bereits in der Antike kannte man eine Argumentationsfigur namens *argumentum ad populum*, auf Deutsch: das Mehrheitsargument.

In unserem Gehirn ist also, neben vielen anderen kognitiven Verzerrungen, (leider) auch eine Mehrheitsverzerrung eingebaut. Wie du jetzt sicher schon richtig vermutest, kann der satanische Verhandlungskünstler auch diese Verzerrung in einer Verhandlungssituation gegen dich ausnutzen. Da Menschen automatisch Mehrheiten folgen, wird er sich um künstliche Mehrheiten bemühen. Das heißt, er wird einzelne Stimmen nehmen und diese als Mehrheitsmeinung darstellen. Was ihm dabei besonders hilft: Es geht gar nicht um absolute Mehrheiten in der gesamten Bevölkerung, sondern es reicht aus, wenn es die Mehrheit ähnlicher Gruppenmitglieder oder die Mehrheit der Nachbarn ist.

Dass unsere meist anonymen Nachbarn auf uns einen gewissen Effekt haben, können wir uns erst einmal gar nicht vorstellen. Doch das konnte wissenschaftlich nachgewiesen werden. Bei einer Studie[77] ging es um Energiesparmaßnahmen der kalifornischen Bevölkerung, die gemeinhin als sehr progressiv und »grün« gilt. Daher liegt es zunächst nahe, folgende Motive für das Energiesparen anzunehmen: (a) wegen der Rettung der Umwelt, (b) wegen sozialer Verantwortung und (c) weil es Geld spart. Ein vierter Motivationsfaktor hat jedoch eine viel größere Rolle gespielt, nämlich der, was die eigenen Nachbarn tun. Als die Wissenschaftler den Teilnehmern sagten, dass 77 Prozent der Nachbarn statt Klimaanlagen einfache Ventilatoren benutzen, hatte dies die größte Auswirkung auf sie. Obwohl wir also der Meinung sind, dass edle Motive unser edles Verhalten leiten, werden wir in Wirklichkeit durch (nachbarliche) Mehrheiten weitaus mehr beeinflusst. Weiteres spannendes Detail: Als die Forscher die Teilnehmer der Studie befragten, erklärten diese, das Verhalten der Nachbarn würde auf sie den geringsten Effekt haben. Wie sie sich da doch getäuscht haben!

Ein ähnliches Ergebnis auch bei einem völlig anderen Thema: Steuern bezahlen. Die britische Steuerbehörde hat selbst ein schönes Experiment[78] gemacht. Sie verschickte 140 000 Briefe an Steuerzahler, die jeweils etwas unterschiedlich formuliert waren. In einigen Briefen stand, dass 9 von 10 Menschen *in England* ihre Steuern pünktlich bezahlen würden, in anderen Briefen, dass 9 von 10 Menschen aus *ihrer Umgebung* pünktlich bezahlen würden – und in anderen wiederum, dass 9 von 10 Menschen aus *ihrer Stadt* pünktlich bezahlen würden. In einem Teil der Briefe fehlte übrigens die Angabe »9 von 10 Menschen«, und es gab nur eine einfache Erinnerung, seine Steuern pünktlich zu zahlen.

Du ahnst das Ergebnis sicher schon: Dort, wo die Mehrheit (»9 von 10 Menschen«) gar nicht erwähnt wurde, haben die wenigsten Menschen pünktlich gezahlt. Und bei den anderen drei Varianten, in denen die Mehrheit erwähnt wurde, hat diejenige die meisten Empfänger zum Zahlen bewegt, in der Menschen aus ihrer eigenen Stadt als Referenz angegeben wurden. Daraus können wir lernen: Dort, wo die Ähnlichkeit der Mehrheit am größten ist, ist auch unsere Manipulierbarkeit am größten.

Bevor wir nun zu einigen Praxisbeispielen kommen, ein letztes Experiment, in dem noch mal gezeigt wird, dass wir durch Mehrheiten wunderbar manipulierbar sind. Bereits Cialdini hat in seinem Buch *Influence* vor etwa 40 Jahren angeführt,[79] dass wir Fernsehserien witziger finden, wenn ein aufgezeichnetes Lachen (Lachkonserve) eingespielt wird. In ein neueres Experiment[80] haben Forscher eine spannende Nuance zum Thema Lachkonserve eingebracht. Den Teilnehmern der Studie (Studenten) wurde ein Auftritt eines Comedians eingespielt. Einmal wurde den Teilnehmern gesagt, das hörbare Lachen in der Aufnahme sei von Mitgliedern einer politischen Partei, vor denen der Comedian aufgetreten sei. Einer anderen Gruppe wurde gesagt, dass das Lachen in der Aufnahme von einer Gruppe anderer Studenten komme. Das Ergebnis: Die Probanden, die das aufgezeichnete Lachen der Parteimitglieder gehört haben, lachten seltener und kürzer. Wenn Probanden, die selbst Studenten waren, das aufgezeichnete Lachen von anderen Studenten hörten, haben sie dagegen länger und häufiger gelacht. Mit anderen Worten: Wenn die falschen Menschen lachen, dann ist es weniger witzig.

Wenn du ein Selbstexperiment machen willst, dann schau dir (vermeintlich) komische Sitcoms doch einfach mal ohne Lachkonserve an – und plötzlich sind sie gar nicht mehr komisch (die Beispiel-Videos der Serien *Friends* und *Big Band Theory* findest du hier[81]). Doch jetzt wird es Zeit für ein praktisches Beispiel.

Fall 19a: Der populäre Familien-Coach

Frank hat das Hamsterrad satt. Seit 25 Jahren im DAX-Konzern tätig, möchte er sich als selbstständiger Coach zum Thema »In der Familie glücklich zusammenleben« neu erfinden. Er hat noch nie jemanden gecoacht – aber er weiß, wie stark der Social Proof auf Menschen wirkt. Da Frank ein schlaues Kerlchen ist, hat er eine brillante Idee: Wenn ich keine Kunden habe, wenn ich keine Follower und Abonnenten habe, dann kaufe ich sie mir einfach im Internet! Gesagt, getan. Als er bei Google »buy subscribers on YouTube / Instagram / Facebook« eingibt, findet er zahlreiche Anbieter, die sich in ihren Angeboten geradezu überbieten. Für einen kleinen Betrag hat Frank vier Wochen später 10 000 Abonnenten auf YouTube und 15 000 Fans auf Facebook. Diese schönen großen Zahlen platziert er direkt auf der Startseite seiner neuen Homepage und wirbt damit, bereits über 25 000 Menschen geholfen zu haben. Wie durch ein Wunder beginnen Menschen nun, ihn als Familiencoach zu buchen. Dem Social Proof sei Dank!

Wie man an diesem Beispiel sieht, sind Mehrheiten käuflich. Gerade im Internet kann man Bewertungen für alles kaufen – und dadurch seinen Kunden eine traumhafte Popularität vorspielen. Viele Menschen achten gar nicht auf die akademische Qualifikation oder eine lange Ausbildungszeit, sondern nur auf die große Zahl der Abonnenten, die jemand gesammelt hat – und wähnen sich dann in dem falschen Gefühl, auf den richtigen »Experten« gesetzt zu haben. Doch Frank hört an dieser Stelle nicht auf, den Social Proof künstlich aufzublasen. Er hat noch eine weitere kreative Idee.

Fall 19b: Der allgegenwärtige Familien-Coach

Inspiriert durch das oben beschriebene Experiment der britischen Steuerbehörde setzt Frank noch einen drauf: Er behauptet auf seiner Website nun auch, dass »9 von 10 seiner Coaching-Kunden« ihn weiterempfehlen würden, und arbeitet jetzt mit mehreren Webseiten, um seinem Business einen »regionalen Touch« zu geben. Er reserviert sich die Seiten »frank-der-familiencoach-berlin«, »frank-der-familiencoach-muenchen«, »frank-der-familiencoach-hamburg« und schreibt auf den jeweiligen Seiten, dass er aus dieser Stadt kommt, um eine regionale Nähe zu seinen Interessenten aufzubauen. Und weil seine Webseiten auf Google nicht als erste Treffer auftauchen, nimmt er Geld in die Hand und bewirbt diese Seiten in der jeweiligen Stadt mit Google Ads (der bezahlten Werbung von Google), damit er in den Suchanfragen ganz oben erscheint und häufiger geklickt wird. In den drei Millionenstädten Deutschlands ist Frank nun allgegenwärtig.

Es gibt jedoch ein Experiment zum Thema Social Proof, das mich persönlich am meisten beeindruckt hat. Es stammt von dem berühmten Psychologen Solomon Asch. Auch dieses lässt sich wunderbar in einen Verhandlungskontext bringen. Doch zunächst zum klassischen Versuchsaufbau:[82] An einem größeren Tisch sitzen mehrere Teilnehmer, denen gerade Linien unterschiedlicher Länge und eine Referenzlinie gezeigt werden. Sie haben die einfache Aufgabe, zu sagen, welche der Linien genauso lang ist wie die Referenzlinie. Dabei ist das richtige Ergebnis mit bloßem Auge sofort erkennbar Es gibt keine visuellen Tricks. Auf die richtige Lösung würde jeder Grundschüler kommen. Doch jetzt kommt der Twist: Gefragt wurden die Teilnehmer in einer bestimmten Reihenfolge nacheinander – und der eigentliche Proband kam immer als Letzter dran. Das bedeutet, dass in der Gruppe alle bis auf einen Eingeweihte waren, die vorgegebene Antworten gaben.

Es ging bei der Studie darum, zu sehen, ob der einzige Proband, der immer als Letzter dran war, sich von der Mehrheitsmeinung beeinflussen lassen würde. Wichtiges Detail: Den Eingeweihten wurde gesagt, dass sie bei genau 6 der insgesamt 18 Durchläufe die richtige Antwort geben sollten, um noch glaubwürdig zu wirken. Bei den anderen 12 Durchläufen sollten sie also bewusst eine falsche Antwort geben, immer einheitlich antworten und sich nie gegenseitig widersprechen, um eine einheitliche falsche Mehrheitsmeinung zu bilden.

Die Frage ist nun: Hat der letzte Proband sich der offensichtlich falschen Mehrheitsmeinung angeschlossen? Die Antwort: In einem Drittel der Fälle ist der Proband tatsächlich der falschen Mehrheitsmeinung gefolgt! Dieses Experiment wurde später mit leichten Änderungen wiederholt, und es stellte sich heraus, dass der Konformitätsdruck größer wurde, je mehr Teilnehmer vorher die falsche Antwort gegeben haben.

Übrigens hat ein anderer berühmter Psychologe, Stanley Milgram, das Experiment mit Audio-Tönen wiederholt und kam sogar zu dem Ergebnis,[83] dass die Hälfte der Probanden vor der Mehrheitsmeinung eingeknickt ist. Und wenn du jetzt denkst: Bei dem Experiment von Asch waren die Probanden US-Amerikaner; bei aufgeklärten Europäern würde es mit diesem läppischen Konformitätsdruck nicht funktionieren – Milgram hat die Studien in Norwegen und Frankreich durchgeführt. Natürlich kann auch der satanische Verhandlungskünstler diesen Konformitätsdruck, der eng verwandt ist mit dem Konzept des Social Proof, in Verhandlungssituationen nutzen. Schauen wir uns dazu wieder einen praktischen Fall an.

Fall 20: Erfolgreiches Recruiting mit unsichtbarem Druck

Samuel möchte ein neues Unternehmen gründen. Seine Geschäftsidee: Sogenannte »VIP-Briefe« sollen im Stadtgebiet innerhalb von 60 Minuten geliefert werden. Um profitabel zu sein, braucht er dafür supergünstige Fahrradkuriere, die täglich die Briefe von A nach B transportieren. Doch wie überzeugt man sie, für ein paar Groschen täglich Briefe zu verteilen? Nach der Lektüre des Asch-Experiments kommt ihm die geniale Idee: Im Recruiting-Prozess bittet er fünf seiner guten Schulfreunde, so zu tun, als würden sie sich auch für die Stelle als Fahrradkurier bewerben. Der einzige echte Bewerber im Raum denkt nun, es gäbe eine Gruppe von sechs Bewerbern. Als Samuel die Arbeitsbedingungen und das niedrige Gehalt vorliest, sind die fünf Freunde gleich zur Stelle und fragen ihn, wo sie unterschreiben sollen. Schwer beeindruckt von dieser regen Zustimmung der anderen, knickt unser echter Bewerber ein und unterschreibt ebenfalls den Vertrag. Damit die Sache nicht auffliegt, bewerben sich die Freunde als Fahrer für eine andere Stadt, wodurch sich leicht erklären lässt, dass der echte Bewerber sie in seinem Gebiet nie zu Gesicht bekommt.

Im echten Asch-Experiment lag die Zustimmungsquote ja ungefähr bei einem Drittel der Probanden. Samuel müsste also das Schauspiel etwa dreimal wiederholen, um einen günstigen Fahrer zu bekommen. Doch der Aufwand lohnt sich langfristig. Und was Samuel kann, können die anderen satanischen Verhandlungskünstler in ihrer jeweiligen Branche natürlich auch. Künstliche Mehrheiten sind also heutzutage, vor allem mithilfe des Internets, ein Kinderspiel. Doch was ist nun das Gegengift? Wie kannst du dich vor dem künstlich herbeigezauberten Social Proof retten?

Cialdini selbst empfiehlt, dem Social Proof so lange zu glauben, bis man eine Manipulation beziehungsweise etwas Auffälliges entdeckt.[84] Dieser Ratschlag ist gut, aber nicht gut genug. Denn wenn der satanische Verhandlungskünstler bei der Schaffung seiner künstlichen Mehrheit professionell vorgeht, wird er keine verdächtigen Spuren hinterlassen.

Ich würde dir etwas anderes empfehlen: Glaube einfach nie einer Mehrheit! Das hat zwei Gründe: Erstens kann eine Mehrheit, wie wir im obigen Praxisfall soeben gesehen haben, fabriziert sein. Zweitens kann sich die Mehrheit auch irren. Das heißt, selbst wenn die Mehrheit eine echte Mehrheit ist, kann sie sich in einem kollektiven Irrglauben befinden. Oder in den Worten von Mark Twain, dem berühmten Aphoristiker: »Wenn du merkst, dass du zur Mehrheit gehörst, ist es an der Zeit, deine Einstellung zu revidieren.« »Revidieren« heißt wörtlich, es noch einmal anzusehen beziehungsweise etwas auf seine Richtigkeit hin zu überprüfen. Natürlich ist nicht jede Mehrheit automatisch im Unrecht. Doch Twains Tipp ist goldrichtig: Sobald du der Mehrheit folgen willst, wird es an der Zeit, die Mehrheit zu hinterfragen, anstatt ihr blind zu folgen.

Wie das Hinterfragen konkret aussehen soll? Das Stichwort dazu ist *critical thinking*, also »kritisches Denken«. Dieser Begriff ist im angelsächsischen Bildungssystem weit verbreitet, und Lehrer bemühen sich in einigen Schulen schon in der Grundstufe, den Kleinen das kritische Denken beizubringen. An einigen britischen und schottischen Schulen kann man es sogar als Abiturfach wählen (was ich mir auch an deutschen Schulen sehr wünschen würde). Es gibt natürlich viele Modelle, mit denen man kritisches Denken praktizieren kann. An dieser Stelle möchte ich dir eines präsentieren, das in Verhandlungssituationen gut anwendbar ist: das RRA-Modell. Es besteht aus drei Denkschritten:

1. *Reflection* (Reflexion): Akzeptiere nicht die vorgegebene Information. Denke erst darüber nach!
2. *Reasons* (Gründe): Liegen Gründe für Aussagen vor? Wenn ja, sind diese Gründe plausibel?
3. *Alternatives* (Alternativen): Welche Gegenargumente sind denkbar? Was wären Handlungsalternativen?

Stell dir nun vor, dir wird in einem Verkaufsgespräch ein Produkt von seiner besten Seite präsentiert. Natürlich ist es die Aufgabe des Verkäufers, dir nur die Vorteile dieses Produkts zu zeigen. Der Verkäufer ist aber kein objektiver Berater. Wenn er dir beispielsweise positive Video-Kundenstimmen auf seinem Laptop zeigt, dann könntest du dir gemäß dem RRA-Modell folgende Fragen stellen: (1) Was sagen die Video-Kundenstimmen wirklich? Ist das nur oberflächliches Lob, oder gibt es dort auch inhaltliche Aspekte? (2) Begründen die Menschen in ihren Video-Testimonials ihre Aussagen? Ist es wahrscheinlich, dass das Gesagte auch tatsächlich vorgefallen ist? (3) Was spricht trotz allen Lobs noch gegen das vorgestellte Produkt? Gibt es bessere Produktalternativen?

Mit dem RRA-Modell kannst du dich mit kritischem Denken gegen Manipulationen wehren. Vor allem dann, wenn mit der Mehrheit zufriedener Kunden in einer Verhandlung argumentiert wird, sind die kritischen Fragen Gold wert! Doch nicht nur mit Mehrheitsargumenten lassen sich Menschen wunderbar über den Tisch ziehen. Auch Autoritätsargumente sind ein probates Mittel, um den anderen in falscher Sicherheit zu wiegen – und genau das ist das vierte Cialdini-Prinzip, das wir uns nun anschauen wollen.

Viertes Cialdini-Prinzip: Durch Autoritäten glaubhaft machen

Wir erinnern uns: In der ersten Gesprächsphase haben wir durch *Reziprozität* und *Sympathie* einen positiven ersten Eindruck bei unserem Verhandlungspartner entstehen lassen. Jetzt befinden wir uns in der zweiten Gesprächsphase, in der wir durch *Social Proof* und das *Autoritätsprinzip* die Unsicherheit beim Gesprächspartner auf null setzen müssen, damit er bei unserem Deal-Vorschlag anbeißt. Sicherlich ist dir auch ohne Forschungsergebnisse aus der Sozialpsychologie jetzt schon klar, dass Autoritätsargumente auf Menschen eine gewisse Wirkung haben. Doch sicherlich unterschätzt du, wie groß diese Wirkung von Autoritäten auf uns Menschen ist! Ehrlich gesagt hatte sich vor dem Milgram-Experiment niemand wirklich vorstellen können, wie stark uns Autoritäten beeinflussen können. Und selbst wenn du schon mal was von diesem weltberühmten Versuch gehört hast: Es ist wert, sich die Details dieses bahnbrechenden Experiments ganz genau anzuschauen. Aber fangen wir von vorne an.

Der Psychologe Stanley Milgram machte Folgendes:[85] Er lud Probanden in sein Labor an der berühmten Yale-University ein, die einen »Lehrer« spielen sollten. In jeder Versuchssituation war neben einem Lehrer auch ein »Schüler« anwesend, der von einem erwachsenen Schauspieler gespielt wurde. Der Schüler sollte mehrere Aufgaben lösen – und wenn er einen Fehler machte, sollte ihm der Lehrer (also der Proband) als Strafe einen Stromschlag versetzen. Das Teuflische an diesem Experiment war, dass der Stromschlag bei jedem Fehler immer stärker ausfallen musste. All das geschah unter der Aufsicht eines Wissenschaftlers, der im weißen Kittel den Probanden mit ernster Stimme aufgeforderte, mit der »Prüfung« weiterzumachen.

Der Schüler, der Wortpaare richtig zusammensetzen sollte, fing irgendwann an (so sah es das Skript des Experiments vor), Fehler zu machen. Beim ersten Fehler bekam er einen Stromschlag von 45 Volt. Bei jedem weiteren Fehler wurde der Stromschlag um weitere 15 Volt erhöht. Natürlich hat der Schüler keine echten Stromschläge bekommen. Stattdessen saß er in einem Nebenraum und sollte bei bestimmten Voltzahlen ein ganz bestimmtes Verhalten zur Schau tragen (all das auf einem Tonband aufgezeichnet): bei 120 Volt sollte er vor Schmerz schreien; bei 150 Volt verlangte er, losgebunden zu werden, weil er die Schmerzen nicht mehr aushalte; bei 300 Volt wollte er keine Antworten mehr geben; ab 330 Volt sprach er gar nicht mehr – und der Lehrer konnte davon ausgehen, dass der Schüler von den Stromschlägen bewusstlos geworden war. Was glaubst du: Wie viele Probanden sind den ganzen Weg gegangen und haben dem Schüler einen Stromschlag von 450 Volt gegeben? Die Antwort wird dich überraschen.

Doch so weit sind wir noch nicht. Es ist nämlich wichtig zu betonen, dass der Lehrer das Experiment zu jedem Zeitpunkt hätte abbrechen können – und die meisten Probanden versuchten es auch. Das hatte Milgram vorhergesehen, und er ließ den Versuchsleiter, ruhig, aber sehr bestimmend, immer wieder dieselben Sätze sagen wie: »Bitte machen Sie weiter!« – »Das Experiment erfordert, dass sie weitermachen!« – »Sie haben keine Wahl, Sie müssen weitermachen!« Milgram hatte auch vorhergesehen, dass irgendwann der Proband fragen würde, wer denn die Verantwortung für die Folgen des Experiments trage. Worauf der Versuchsleiter im weißen Kittel allen Probanden immer wieder sagte, dass er persönlich die gesamte Verantwortung für alle Folgen übernehmen würde. Und jetzt kommt die unglaubliche Auflösung: 65 Prozent aller Probanden gingen bis zur härtesten Strafe von 450 Volt. So viel Autoritätsgläubigkeit hatten weder Milgram selbst noch seine zeitgenössischen Kollegen von Menschen erwartet!

Wenn du jetzt glaubst, dass diese Studie vielleicht ein Ausreißer war, so täuschst du dich. Milgram und viele andere Wissenschaftler haben das Experiment mit vielen kleinen Abwandlungen wiederholt. In einer Abwandlung zum Beispiel saßen der Schüler und der Lehrer sogar im selben Raum. Auch hier sind immer noch 30 Prozent der Lehrer bis zur äußersten Strafe gegangen. Das Milgram-Experiment wurde Jahrzehnte später mit ähnlichen Ergebnissen auch in anderen Ländern wiederholt. Interessant ist zum Beispiel auch eine Abwandlung, bei der das Experiment nicht an der renommierten Yale-Universität, sondern an einem ausgedachten »Research Institute of Bridgeport« stattfand. Dort sind immerhin noch 48 Prozent der Lehrer bis 450 Volt gegangen. Dies zeigt, dass auch eine Institution eine Autoritätswirkung auf Menschen besitzt. Interessant war auch, dass es keine signifikanten Unterschiede gab, wenn die Person im Kittel weiblich war.

Wenn du noch nie vom Milgram-Experiment gehört hast, dann bist du jetzt wahrscheinlich geschockt von diesen Ergebnissen. Doch wird der satanische Verhandlungskünstler die Milgram-Studie als Ausgangspunkt für seine Gedanken nehmen und überlegen, wie er selbst das Autoritätsprinzip im Alltag anwenden kann. An dieser Stelle möchte ich einen Fall meiner Kundin Klaudia schildern, der nicht nur zeigt, wie mächtig das Autoritätsprinzip ist, sondern auch, wie lange die Wirkung der Autorität nachhallt. Es geht darum, wie ein Pastor sie, eine Frau

Mitte dreißig, aufs Übelste manipuliert hat, etwas zu tun, was sie überhaupt nicht wollte.

Fall 21: Zum Sex gezwungen mit Autoritätsargumenten

Ich habe dem Pastor meiner Kirche damals so sehr vertraut, dass ich nicht gemerkt habe, dass er mich mit seiner Autorität und emotionaler Erpressung darauf »programmiert« hatte, mit ihm gegen meinen Willen Sex zu haben. Er war eine absolute Autorität für mich. Er sagte immer wieder: »Die Kirche wird dich retten. Es gibt nur mich, ich bin der Vertreter Gottes. Ich liebe dich. Mit meiner Hilfe kannst du alles werden. Wenn du Gott liebst, dann machst du das. Wenn du an Gott glaubst, dann schläfst du mit mir, und dann wirst du dich mit der Hoffnung zufriedengeben.« Drei Jahre lang hat das angedauert.

Wenn ich ihn darauf angesprochen habe, dass er mit mir seine Frau betrügt, dann nutzte er die Bibel als Autoritätsargument. Er sagte: »Das war schon zu Zeiten von König David so, dass Männer mehr als eine Frau haben.«

Wenn ich mich gewehrt habe, dann machte er mir Angst, dass ich ohne ihn und ohne Gott verloren sein würde.

Erst mit 35 Jahren, drei Jahre später, habe ich alles der Polizei gemeldet. Ich hatte Schuldgefühle ihm gegenüber. Ich! Ich hatte Angst, seine Familie zu zerstören. Als ich an Krebs erkrankte, kam ich aus der Gemeinde raus. Erst durch die Distanz zum Pastor habe ich alles begriffen und ihn angezeigt. Keiner aus der Gemeinde hat danach was für mich gemacht. Keiner hat mir geholfen. Alle standen sie auf der Seite der Autorität, auf seiner Seite.

Ein krasser Fall, aus dem Leben gegriffen, der zeigt, welche Macht das Autoritätsprinzip über Menschen hat. Doch nicht nur durch eine bestimmte Stellung (wie zum Beispiel Pastor, Abteilungsleiter, Unternehmensgründer) entfaltet dieses Prinzip seine Wirkung, sondern auch durch akademische Abschlüsse und Zertifikate. Das hat auch Robert Cialdini gezeigt. Er hatte mit seinen Kollegen Physiotherapeuten in einem Krankenhaus beraten.[86] Diese waren frustriert, weil ihre Herzinfarkt-Patienten mit ihren Fitness-Übungen aufhörten, sobald sie aus dem Krankenhaus entlassen wurden. Egal wie oft die Physiotherapeuten die Wichtigkeit der Übungen für den Heilungsprozess betonten, es machte keinen Unterschied: Die meisten Patienten haben zu Hause nicht mehr trainiert.

Da Cialdini selbst vom Milgram-Experiment stark beeindruckt war, hatte er eine Idee: Er wollte das Autoritätsprinzip ausnutzen und so mehr Patienten zu mehr Sportdisziplin zwingen. Seine Idee war einfach und genial zugleich: Er bat die Direktorin, in den Therapieräumen alle Diplome, Zertifikate und Auszeichnungen der Physiotherapeuten an die Wände zu hängen. Diese sollten ein nonverbales Autoritätsargument darstellen und die Patienten positiv beeinflussen. Hat das funktioniert? Aber natürlich! Nach dieser »Intervention« haben 34 Prozent mehr die Fitness-Übungen zu Hause gemacht – und das sogar dauerhaft. Allein das Anbringen der »Autoritäts-Dokumente« hatte auf die Patienten eine riesige Wirkung entfaltet. Auch jeden satanischen Verhandlungskünstler wird dieses Experiment natürlich inspirieren. Und so wird es Zeit für unseren nächsten praktischen Fall.

Fall 22: Rudi, der anerkannte Rhetoriktrainer

Rudi will als Rhetoriktrainer ganz groß rauskommen. Schon in der Schule hat er exzellente Noten für seine Referate bekommen, obwohl er sich inhaltlich kaum vorbereitet hatte. Also beschloss er, viele Zertifikate für seine »Ausbildungen« zu sammeln und mit diesen seine Kunden zu beeindrucken. Schnell fand er heraus, dass private Institute und Akademien schon für einen einzigen Trainingstag ein Zertifikat ausstellen können. Also besuchte er Seminare, was das Zeug hielt, und hatte bereits nach drei Monaten zehn Rhetorik-Zertifikate gesammelt. Diese platzierte er dann in seinem Büro an der Wand – und bot seinen Interessenten selbstverständlich ein kostenloses Vorgespräch an. Beeindruckt von diesen Zeugnissen, wollten nun die meisten von ihnen mit Rudi ihre Rhetorik trainieren. Keiner hat jemals erfahren, dass er die zehn Zertifikate in zehn Tagen erworben hat – natürlich ohne jegliche Abschlussprüfung. Niemand hat jemals die schön eingerahmten Urkunden angezweifelt. Und Rudi war schon nach drei Monaten dick im Geschäft.

Das Experiment mit Cialdini und der Fall mit Rudi zeigen, dass Zertifikate, Diplome und Abschlüsse eine große Wirkung auf Menschen haben. Ein Verhandlungsprofi wird daher immer auch seine akademischen Insignien in den Vordergrund stellen. Ob als Urkunden an der Wand, Hinweise auf Briefpapier, in der E-Mail-Signatur – oder gerne auch als akademische Titel. Bei Juristen und Ärzten ist es eine übliche Praxis, in nur etwa sechs Monaten eine Promotion zu schreiben. Dass man in dieser Zeit keine bahnbrechenden wissenschaftlichen Erkenntnisse aufs Papier bringen kann, ist dabei den jungen Doktoranden nicht so wichtig wie das Recht, lebenslang einen Doktortitel führen zu dürfen. Bei Autoritäts-Profis beliebt ist auch ein Professorentitel einer privaten (Fach-)Hochschule in einer klitzekleinen Stadt irgendwo, der natürlich viel einfacher zu erwerben ist als eine Professur an einer alten, traditionsreichen Universität. Doch man muss gar nicht so hoch greifen: In vielen Bereichen tun es einfache »Weiterbildungen« auch, um einen Expertenstatus vorzutäuschen.

Mir selbst ist das Spiel mit dem Expertenstatus seit meinen Studienjahren wohl bewusst. So schreibe ich auf meiner eigenen Website, dass ich Stipendiat der Studienstiftung des deutschen Volkes war, zwei juristische Staatsexamen in München absolviert und einen Master-Abschluss in Politikwissenschaft an der renommierten Columbia University gemacht habe. Klingt natürlich gut. Hat allerdings inhaltlich nichts mit meinen eigenen Verhandlungsskills zu tun.

Merke: Abschlüsse, Titel und Zertifikate beeindrucken Menschen – man kann nicht genug davon haben und sie nicht prominent genug zur Schau stellen, um den eigenen Expertenstatus in der Wahrnehmung des anderen zu vergrößern. Zum Thema Uni-Abschluss ein kleiner Beispielsfall einer Coaching-Kundin von mir, die lieber anonym bleiben möchte.

Fall 23: Die einzige Juristin weit und breit

Eine Vorgesetzte in meinem beruflichen Umfeld sagt immer, wenn sie nicht mehr weiterweiß: »Das und das hat juristische Gründe.« Da keiner von uns Jurist ist, kann das natürlich niemand überprüfen. Ihre Strategie ist daher seit Jahren unglaublich erfolgreich. Da sie sich als Einzige in unserem Unternehmen mit Gesetzen auskennt, hat sich noch niemand mit ihr in eine offene Konfrontation gewagt, wenn sie diesen magischen Satz von sich gegeben hat.

Natürlich sind Abschlüsse und Zertifikate nicht die einzigen Mittel, mit denen wir unsere Autorität aufblähen können. Es geht auch mit guter Kleidung. Bei einem eher unterhaltsamen Experiment[87] ging es darum, ob man mithilfe einer Uniform Menschen leichter dazu bringen könnte, ihr Kleingeld loszuwerden. Konkret ging es darum, dass im ersten Versuchsaufbau ein Wachmann in Uniform und im zweiten ein normal gekleideter Mann eine zufällig vorbeikommende Person mit folgenden Worten angesprochen hat: »Sehen Sie den Mann dort am Parkscheinautomaten? Ihm fehlt das Kleingeld. Geben Sie ihm etwas!« Das Ergebnis: Wurde diese Bitte von einem Menschen in Wachmann-Uniform ausgesprochen, haben 92 Prozent der Person am Parkscheinautomaten das Kleingeld gegeben (im Fall der normalen Kleidung waren es weniger als die Hälfte).

In einem ähnlichen Experiment[88] zum Thema Kleidung hat man ein und denselben Mann mehrmals über eine rote Ampel gehen lassen – doch hatte er am ersten Tag einen edlen Business-Anzug an und am nächsten Tag ganz normale Kleidung. Wann sind ihm Menschen 3,5-mal häufiger bei Rot über die Straße gefolgt? Du ahnst es: Natürlich dann, wenn er einen schönen Anzug getragen hat. Kleidung gibt uns also auch Autorität. Kein Wunder also, dass Präsidenten, Versicherungsvertreter und Nachrichtensprecher immer perfekt gekleidet sind. Sie wissen genau: Damit man sie als Autorität wahrnimmt, muss alles gepflegt und farblich aufeinander abgestimmt sein.

Schließlich gibt es noch zwei weitere weiche Faktoren, die Menschen einen Autoritätsstatus verleihen: souveräne Körpersprache und Stimme. Ist dir schon mal aufgefallen, dass alle Präsidenten, Premierminister und Kanzler dieser Welt eine ruhige Körpersprache und Stimme haben? Und dass alle nervösen Menschen mit ihrem Körper herumzappeln, hastig sprechen und beim Sprechen keine Pausen machen? Dieser Punkt ist so banal und allen klar, dass ich an dieser Stelle ausnahmsweise keine Studie zitieren möchte. In einer Verhandlungssituation, selbst wenn er die schlechtere Ausgangsposition und gar keine Alternativen hat, wird unser Verhandlungskünstler mit souveränem Habitus jede Gesprächssituation ruhig angehen. Denn nach außen, also zum Schein, kann man immer große Autorität ausstrahlen, egal wie schlecht die eigenen Karten sind.

Jetzt zum Gegengift: Wie kannst du dich gegen das bei uns so tief verwurzelte Autoritätsprinzip wehren? Beim Thema Kleidung ist es relativ einfach: Sei einfach skeptisch, wenn dein Verhandlungspartner overdressed ist. Wer sich zu viel Mühe um sein Auftreten und hübsche Kleider macht, hat es offensichtlich nötig. Ich zum Beispiel bin automatisch skeptisch, wenn jemand bei einer Verhandlung eine Krawatte oder ein Kleid trägt, und achte noch mehr auf die Inhalte, als ich es ohnehin schon tun würde.

Doch wie enttarnen wir Pseudo-Experten auf der inhaltlichen Ebene? Cialdini bietet uns zwei Testfragen an.[89] Die erste Testfrage lautet: *Ist die Autorität wirklich ein Experte?* Wäre zum Beispiel ein Gesundheitsminister von seiner Ausbildung her Bankfachwirt und Politologe, so müssten wir bei seinen Aussagen zu Epidemien und Virusmutationen äußerst vorsichtig sein. Der Titel des Gesundheitsministers darf nicht darüber hinwegtäuschen, dass er aufgrund seiner Ausbildung zum Thema Epidemie fachlich nicht viel beitragen kann. Es kann ja tatsächlich sein, dass jemand ein unglaublich guter Physiker oder Historiker ist und auf diesem Gebiet viel Anerkennung in seinem Fachbereich gefunden hat. Doch ich sage immer: Intelligenz schützt vor Dummheit nicht. Mit anderen Worten: Wer auf einem Fachgebiet ein Experte ist, kann auf einem anderen Fachgebiet eine absolute Null sein.

Warum schreiben wir trotzdem Menschen häufig eine universellen Expertenstatus zu? Es liegt an einer weiteren kognitiven Verzerrung, nämlich dem sogenannten Halo-Effekt: Ihm gemäß überstrahlt eine positive Eigenschaft die ganze Person mit einem

Heiligenschein (englisch *halo)*, sodass wir diesen Menschen insgesamt für kompetent, glaubwürdig und sympathisch halten.

Um nicht auf diesen Halo-Effekt hereinzufallen, würde ich Cialdinis erste Testfrage besser so abwandeln: *Ist die vorliegende Expertise der Autorität relevant?* Denn es geht ja nicht darum, ob jemand ein Experte ist, sondern immer nur darum, ob seine Expertise für ein bestimmtes Thema oder bei einem bestimmten Deal relevant ist.

Die zweite Testfrage, die Cialdini uns anbietet, lautet: *Wie viel Ehrlichkeit können wir vom Experten hier erwarten?* Einfachstes Beispiel ist wiederum ein Versicherungsvertreter, der sich exzellent auf seinem Gebiet auskennt, dir jedoch nicht die beste Versicherung auf dem Markt anbieten wird, sondern höchstens die beste Versicherung unter den Produkten seiner hauseigenen Versicherung, weil er nur für diese Versicherungen eine Provision bekommt. Auch hier würde ich gern die Frage von Cialdini anders stellen und etwas präzisieren. Wir sollten lieber fragen: *Steckt unser Experte möglicherweise in einem Interessenkonflikt?*

Um bei meinem Beispiel zu bleiben: Es besteht bei jedem Versicherungsvertreter das Problem, dass sein Interesse (dir eine hauseigene Versicherung zu verkaufen) und dein Interesse (die objektiv beste Versicherung auf dem Markt zu finden, unabhängig von einer bestimmten Versicherungsgesellschaft) in einem Konflikt miteinander stehen. Daher empfehle ich beim Thema Versicherungen auch einen unabhängigen Versicherungsberater, der natürlich zunächst einmal Geld kostet, aber nicht an eine Gesellschaft gebunden und daher frei von Interessenkonflikten ist.

Fazit: Eine Autorität wird ihre Expertise also nicht immer zu deinen Gunsten stellen. Wenn dir das aber stets bewusst ist, wirst du von Autoritäten kaum mehr manipuliert werden können.

Fünftes Cialdini-Prinzip: Mit Konsistenz in Zugzwang bringen

Jetzt sind wir in der dritten Gesprächsphase angelangt, wo wir mit dem Konsistenzprinzip und dem Knappheitsprinzip unseren Verhandlungspartner zum Handeln bewegen. Beginnen wir mit dem Konsistenzprinzip. Am einfachsten erklären kann man dieses Prinzip mit der Redewendung »Wer A sagt, muss auch B sagen.« Es geht darum, dass Menschen sich von Natur aus widerspruchsfrei verhalten möchten. Fast jeder wird B genau dann zustimmen, wenn B eine logische Folge von A ist.

An dieser Stelle ein kleines persönliches Beispiel: Nach drei Semestern Jura war ich mit meinem Studienfach unzufrieden. Es war langweilig und fade geworden, und ich habe angefangen, während der Vorlesungen kleine Gedichte zu schreiben. Doch ich wollte das Studium nicht abbrechen. Weil ich schon Zivilrecht und Strafrecht bestanden hatte, blieb mir zur Zwischenprüfung nur noch die Klausur im öffentlichen Recht. Als ich meine Zwischenprüfung bestanden hatte, erschien es mir logisch, noch ein Jahr dranzuhängen, denn danach konnte ich direkt das erste Staatsexamen schreiben. Und als ich auch dieses in der Tasche hatte, dachte ich, dass man als Jurist mit nur dem ersten Staatsexamen ja nicht wirklich was anfangen kann. Erst mit dem zweiten Staatsexamen erlangt man die Befähigung zum Richteramt und kann als Anwalt arbeiten. Aus der Retrospektive erscheint dieser Gedankengang absurd, aber ich wollte damals in meinen Entscheidungen konsistent, also widerspruchsfrei sein. Von der ursprünglichen Aussage »Schon nach drei Semestern ist Jura langweilig« zur Aussage »Das zweite Staatsexamen kann ich doch auch noch machen, dauert ja nicht mehr lange«. Erstaunlich, dass mich das Konsistenzprinzip fast sieben Jahre lang in Jura-Gefangenschaft hielt.

Doch natürlich bin ich nicht das einzige Opfer dieser kognitiven Verzerrung. Und natürlich kann der satanische Verhandlungskünstler dieses Prinzip wunderbar in Verhandlungssituationen für sich nutzen. Wo wir schon bei privaten Beispielen sind, hier eine Situation, die eine sehr verärgerte Coaching-Kundin mir geschildert hat. Sie wollte ihrer Freundin bei der Hochzeit helfen – doch dann ist es etwas ausgeartet.

Fall 24: Den einen Gefallen kannst du mir doch auch noch tun, oder?

Nach der Hochzeit meiner damals besten Freundin, deren Vorbereitungen mich dank ihrer extravaganten Vorstellungen bereits psychisch vollkommen fertiggemacht hatten, bestand sie vehement darauf, dass ich auch noch ihr geliehenes Hochzeitskleid zurückbringen sollte. Da ich jedoch nur noch so schnell wie möglich ihren herrischen Klauen entkommen wollte und sie das wohl ahnte, spielte sie die »Ich verpasse sonst meine Flitterwochen«-Karte aus. Gegen dieses Argument konnte ich leider nichts ausrichten, deswegen habe ich ihr diesen einen letzten Gefallen getan und bin die irrsinnige Strecke von 400 Kilometern zu jenem Brautmodengeschäft gefahren, nur um dort gesagt zu bekommen, dass das Kleid aufgrund von Rissen und Wachsflecken nun unverkäuflich sei. Ich habe es daraufhin in ihrer neuen Wohnung hinterlegen lassen und nie wieder ein Wort mit ihr gewechselt.

Ein typischer Fall dafür, wie Konsistenz eiskalt ausgenutzt wurde. Mit jedem kleinen Gefallen wird das Konsistenzprinzip immer stärker. Die innere Logik ist die gleiche: Wenn ich A gemacht habe, dann kann ich auch B machen, dann kann ich auch C machen und so weiter. Menschen nutzen häufig unsere Hilfsbereitschaft aus. Dass am Ende unsere Protagonistin ihrer anstrengenden Freundin die Freundschaft gekündigt hat, ist nur ein Pyrrhus-Sieg. Denn unsere Braut hat auch ihren letzten Wunsch erfüllt bekommen.

Das Konsistenzprinzip wird in Verhandlungssituationen auch gern als *foot in the door* bezeichnet, also als die Fuß-in-der-Tür-Technik. Hat man erst mal eine kleine Zusage vom anderen, so ist es zu seiner zweiten, größeren Zusage nicht mehr weit. Schön veranschaulicht wird das in einer Studie,[90] in der man zufällig ausgewählte Menschen gebeten hat, für ein neu zu errichtendes Zentrum für geistig Behinderte zu spenden. Die Zustimmungsbereitschaft lag bei 53 Prozent, was an sich keine große Überraschung war. Doch bei einer anderen Gruppe lag die Spendenbereitschaft bei überraschenden 92 Prozent! Es waren ebenfalls zufällig ausgewählte Menschen aus der Nachbarschaft. Was war an ihnen so besonders?

Diese zweite Gruppe hatten Wissenschaftler zwei Wochen zuvor kontaktiert und gebeten, eine Petition für die Errichtung dieses Zentrums zu unterschreiben. Von denen, die diese Petition unterzeichneten, haben anschließend fast alle (die besagten 92 Prozent) Geld für dieses Zentrum gegeben. Die Petition zwei Wochen zuvor war der Fuß in der Tür. Er hat diese Gruppe kognitiv auf die zweite Anfrage vorbereitet. Weil die Menschen, wie wir gelernt haben, widerspruchsfrei handeln wollen, war es nur logisch, für das Zentrum Geld zu spenden. Interessantes Detail: Je höher der angefragte Spendenbetrag für diese kognitiv vorbereitete Gruppe war, desto mehr haben sie auch gespendet. Umgekehrt war es bei der Gruppe, die vorher keine Petition unterschrieben hat: Je höher der angefragte Spendenbetrag hier war, desto geringer war die Höhe der tatsächlich gegebenen Spende.

Ein anderer Coaching-Kunde berichtet in einem Verhandlungsfall, wie ein Vertreter geschickt das Konsistenz-Prinzip bei ihm ausgenutzt hat.

Fall 25: Die böse Testphase

Es ging um die Erstellung einer zusätzlich werbenden Internetseite in einem virtuellen Einkaufszentrum für meine damalige Firma. Der Vertreter kam zu mir. Ich sagte schon im ersten Satz: »Nein danke, ich bin bereits bestens versorgt. Meine Firma hat bereits einen super Internetauftritt.« Doch ich konnte den schmierigen Vertreter nur loswerden, indem ich eine kostenlose Testphase unterschrieben habe. Am Ende war ich 2400 Euro netto los. Die Internetseite war total amateurhaft, sah grottenschlecht aus, und es gab keine Klicks. Also der absolute Flop! Seitdem vergleiche ich jeden Vertreter mit diesem Vorfall …

Du siehst an diesem Beispiel, wie eine unschuldige Testphase der »Fuß in der Tür« war und mein Coaching-Kunde »folgerichtig« auch die Bezahlversion erwerben musste. Das Beispiel zeigt aber auch, wie sauer jemand wird, wenn er erkennt, dass er manipuliert wurde. So etwas kann jahrzehntelang nachwirken. Doch unserem Vertreter aus dem Fall kann das egal sein: Er hat Beute gemacht und verdankt es dem Konsistenzprinzip.

Kommen wir jetzt zum Gegengift: Was kann man nun gegen dieses gemeine Prinzip tun? Du erinnerst dich sicher an die einleitenden Worte dieses Kapitels: »Wer A sagt, muss auch B sagen.« Genau diesen Mechanismus gilt es außer Kraft zu setzen. Was mir dabei immer hilft, ist ein Bonmot aus Bertolt Brechts und Elisabeth Hauptmanns Lehrstück *Der Jasager*: »Wer A sagt, der muss nicht B sagen. Er kann auch erkennen, dass A falsch war.«

Wir müssen also in der Lage sein, unsere erste Entscheidung (zum Beispiel die Zustimmung zu einer kostenlosen Testphase) als Fehler zu erkennen. Auch in der Testphase hatte mein Coaching-Kunde keine Klicks. Statt 2400 Euro zu zahlen, hätte er erkennen müssen, dass »A« falsch war. Doch das ist leichter gesagt als getan. Wir Menschen sind sehr stolze Wesen – und einen Fehler einzugestehen ist in unserer fehlerfeindlichen Kultur schwierig. In der Schule, von den Eltern und auch in unserer Ausbildung wurden wir ständig für Fehler bestraft – mit Schelte oder schlechten Noten. Dies hat sich bei den meisten von uns so tief eingebrannt, dass wir lieber durch konsistentes Handeln unseren Fehler kaschieren, anstatt die erste Entscheidung zu revidieren. Doch genau das wäre ein Ausweg aus den Zwängen des Konsistenzprinzips.

Für alle, die Fehler ungern zugeben, hat Cialdini selbst noch eine andere Lösung parat, um nicht auf den »Fuß in der Tür« hereinzufallen. Er schlägt vor, die zweite Entscheidung unabhängig von der ersten zu treffen.[91] Um es auf unseren Fall anzuwenden, sollte mein Coaching-Kunde sich Folgendes fragen: »Jetzt, da ich bereits einen super Internetauftritt habe: Soll ich wirklich 2400 Euro für eine neue Internetseite ausgeben?«

Hätte er die Frage so gestellt, wäre er diesen Deal natürlich nicht eingegangen. So aber war im Kopf seine Zustimmung zur Testphase, die ihn kognitiv auf die Bezahlversion vorbereitet hat.

Fazit: Entweder du akzeptierst, dass deine erste Zustimmung ein Fehler war. Oder du beurteilst jede Entscheidung unabhängig für sich. Das sind die beiden praktischen Wege aus den Krallen der Konsistenz. Beherrschst du beide nicht, hat der satanische Verhandlungskünstler leichtes Spiel mit dir.

Sechstes Cialdini-Prinzip: Mit Knappheit den letzten Stoß versetzen

Den letzten Stoß versetzt der satanische Verhandlungskünstler seinem Verhandlungspartner mit der »künstlichen Knappheit«. Wenn wir das Gefühl haben, dass ein Produkt oder eine Dienstleistung knapp ist, wollen wir diese unbedingt haben. Man kann das ganze Leben beschreiben als einen Kampf um knappe Ressourcen, sei es um begehrte Studienplätze an Elite-Universitäten, Führungspositionen in Unternehmen oder den ersten Platz bei einem Sportwettbewerb. All diese Dinge sind dadurch wertvoll, dass sie knapp sind. Doch wie lässt sich in einer Verhandlungssituation eine Dienstleistung oder ein Produkt als knapp darstellen?

Bei einem grundlegenden Sozialexperiment zum Thema Knappheit ging es um Kekse.[92] Es gab zwei Gruppen, die eine unterschiedliche Vorliebe für die gleichen Kekse entwickelt hatten. Der Unterschied zwischen den beiden Gruppen bestand lediglich darin, dass man einer Gruppe einen Teller mit zehn Keksen hingestellt hat – und der anderen Gruppe einen Teller mit lediglich zwei Keksen. Als man nach der Qualität der Kekse fragte, hatte die Gruppe mit nur zwei Keksen (aufgrund des Knappheitsprinzips) deren Qualität viel höher bewertet. Anschließend haben die Wissenschaftler den Versuch abgewandelt: Sie nahmen bei der Gruppe mit den zehn Keksen mit einer fadenscheinigen Erklärung acht Kekse weg, bevor die Probanden sie bewerten konnten. Das Ergebnis war, dass in diesem Versuchsdurchlauf die Qualitätsbewertung der Kekse am höchsten war. Das heißt also, dass das Knappheitsprinzip umso stärker wird, wenn die Verknappung vor den Augen des Betrachters erfolgt.

Natürlich gibt es Dutzende Experimente, die diesen Effekt auch mit anderen Gegenständen nachgewiesen haben.[93] Schauen wir uns nun eine Alltagssituation an, in der man den Verknappungseffekt in einer Verhandlung wunderbar ausnutzen kann.

Fall 26: Der clevere Immobilienmakler und die Knappheit

Annegret ist seit über 30 Jahren Maklerin in Osnabrück. Sie hat sich auf Objekte in den nicht so beliebten Stadtteilen spezialisiert. Für diese gibt es weniger Konkurrenz. Zudem hat sie seit Jahren einen kleinen Trick angewendet, um Kaufinteressenten von nicht ganz so schön gelegenen Wohnungen zu überzeugen: Sie lädt zum Besichtigungstermin mit einem Interessenten immer zwei ihrer Freundinnen ein, die dann großes Interesse am Kauf der Wohnung bekunden. Dadurch erscheint diese für den echten Interessenten knapper und dadurch begehrenswerter. Abschließend geht sie mit den Freundinnen zum Essen, und häufiger, als man denkt, haben die Frauen dann einen Kaufabschluss zu feiern. Nachdem Annegret über das Keksexperiment gelesen hat, beschließt sie, ihr Schauspiel etwas abzuwandeln. Sie hat zwar immer noch nur ihre beiden Komplizinnen zur Verfügung, doch kommen diese nun nicht sofort zum Besichtigungstermin. Vielmehr wähnt sich der Kaufinteressent zuerst als einziger Bewerber für die Wohnung in Sicherheit – und erst nach zehn Minuten kommt die erste Freundin als Mitbewerberin dazu. Wiederum fünf Minuten später taucht die zweite Freundin auf und lässt die Wohnung am Rande der Stadt dadurch noch begehrenswerter erscheinen. Vor den Augen des echten Kaufinteressenten wird die Wohnung »knapper« – und Annegret freut sich noch häufiger über Kaufabschlüsse als zuvor. Der sozialpsychologischen Forschung sei Dank.

Der Kreativität bei der Herstellung einer künstlichen Knappheit sind natürlich keine Grenzen gesetzt. In einer anderen Studie[94] wollten Wissenschaftler testen, ob man mit einer Knappheitsrhetorik mehr Bewerber für eine Stelle bekommt. Einer Gruppe von Probanden wurde eine Ausschreibung gezeigt, der zufolge ein Restaurant nach *vielen* Aushilfskräften suchte. Einer anderen Gruppe legte man eine Ausschreibung für dasselbe Restaurant vor, doch darin hieß es, dass nur *wenige* Stellen zu besetzen seien. Du wirst das Ergebnis mittlerweile wohl erraten können: Es gab mehr Bewerber für die knappen Stellen.

Doch das Interessante an dieser Studie war noch etwas anderes: Die Bewerber hatten in der Knappheitsvariante auch den Eindruck, dass das Unternehmen sie besser bezahlen würde und allgemein betrachtet ein besserer Arbeitgeber wäre. Allein die Formulierung der Stellenausschreibung hat also die Gesamtwahrnehmung des Restaurants, das den Probanden völlig unbekannt war, dramatisch verbessert. Kurz: Was knapp ist, ist begehrenswert.

Natürlich kann man die Knappheitsfalle auch im Privatleben gut nutzen, denn gerade auf dem Beziehungsmarkt wird viel verhandelt – und gute Männer und Frauen sind hier schon seit jeher ein knappes Gut. Eine meiner Freundinnen, die besonders erfolgreich begehrte Männer anzieht, sagt: »Man muss sich als Frau rarmachen. Wenn der Mann das Gefühl hat, dass ich ihm immer zur Verfügung stehe, dann verliert er schnell das Interesse.« Das Schöne an dieser Strategie: Sie funktioniert, denn meine Freundin bleibt nicht lange Single. Der ultimative Erfolg kam vor zwei Jahren: Ihr Auserwählter hat sie mit nach Madeira genommen – und jetzt lässt sie es sich in den sonnigen Gefilden unter den Fittichen ihres solventen Romeo richtig gut gehen.

Wenn wir schon bei Männern und Frauen sind: Eine neuere Studie[95] hat untersucht, ob die Knappheit der Männer in den Vereinigten Staaten dazu führt, dass die Frauen sich mehr um ihre

Karriere kümmern und später mit der Familienplanung beginnen. Für alle 50 Staaten der USA haben die Forscher die Verfügbarkeit von Single-Männern und Single-Frauen untersucht und etwas Erstaunliches herausgefunden: Je weniger Single-Männer es in einem Bundesstaat gab, desto häufiger waren dort Frauen in hoch bezahlten Tätigkeiten angesiedelt, wie Managerin, Anwältin, Pharmazeutin, Finanzanalystin oder Programmiererin. Ebenfalls haben in den Bundesstaaten mit einem Single-Männer-Mangel Frauen zu einem späteren Zeitpunkt ihr erstes Kind bekommen. Das Knappheitsprinzip hat also auch jenseits von Verhandlungssituationen einen weitreichenden Effekt auf unser Leben.

Doch zurück zu Verhandlungssituationen: Der satanische Verhandlungskünstler wird also alles daransetzen, sein zu verkaufendes Gut als knapp erscheinen zu lassen. Das geht natürlich auch mit modernen Mittelchen wie beispielsweise einem eingebauten Countdown in Angebots-E-Mails. Stell dir vor, du bekommst ein Angebot per E-Mail, und sobald du diese öffnest, läuft oben in der E-Mail in roter Schrift ein Timer ab: »Das Angebot gilt nur noch 11 Stunden, 59 Minuten und 59 Sekunden«. Und plötzlich erscheint das, was in der E-Mail beworben wird, viel begehrenswerter, da eine zeitliche Verknappung eingebaut wurde.

Wenn du im Marketing arbeitest, ist so ein Timer in der E-Mail für dich Gold wert und erhöht den Umsatz deiner Marketingkampagne. Da heutzutage viele Verträge online geschlossen werden, kannst du natürlich auch außerhalb einer breit angelegten Marketingkampagne einem bestimmten Verhandlungspartner deinen Vertrag mit einem Countdown-Zähler zusenden. Nach dem, was wir über das Knappheitsprinzip gelernt haben, kann man sicher davon ausgehen, dass mehr Geschäftspartner den Vertrag unterzeichnen werden, weil die zeitliche Knappheit eine magische Wirkung auf sie ausüben wird und sie Angst bekommen werden, einen guten Deal zu verpassen.

Doch nun zum Gegengift: Wie kannst du dich gegen das Knappheitsprinzip wehren? Schauen wir erst einmal auf einen Tipp, den uns Cialdini selbst gibt: Nur weil etwas knapp ist, heißt es nicht, dass es auch gut ist. Wir müssen also die Gleichung *knapp = gut* in unserem Kopf finden und sie aus unserem Denksystem streichen. Natürlich leichter gesagt als getan.

Um dies zu verdeutlichen, möchte ich noch einmal auf das Keks-Experiment vom Anfang dieses Kapitels zurückkommen. Die Keksqualität wurde ja höher eingeschätzt, wenn weniger Kekse auf dem Teller lagen. Das Spannende bei diesem Experiment war jedoch ein kleiner Hinweis in der Studie, den die Wissenschaftler ganz am Ende ihres Artikels angebracht haben: »Probanden wurden gefragt, wie gut die Kekse schmeckten. Es gab [zwischen den beiden Gruppen] keinen signifikanten Unterschied.«[96]

Obwohl die Kekse in der Gruppe mit nur zwei Stück auf dem Teller also als hochwertiger eingestuft wurden, hat sich diese Einschätzung nicht auf deren tatsächlichen Geschmack ausgewirkt. Für die Gruppe, bei der zehn Kekse auf dem Teller lagen (und auch für die, wo acht Kekse kurz vorher vom Teller genommen wurden), war der Geschmack genauso eingeschätzt worden. Die Knappheit der Kekse hatte keine Auswirkung auf ihren Geschmack. Dies soll dir auch eine Erinnerung für Wohnungsbesichtigungen und Jobausschreibungen sein: Nur weil sie knapp sind, sind sie dadurch nicht besser.

Ich möchte dir noch einen anderen Tipp gegen die Knappheitsfalle geben: Frage dich, ob das, was dir angeboten wird, wirklich knapp sein *kann*. Mich hat beispielsweise vor einiger Zeit ein Vertriebler angerufen und wollte mir ein Advertorial (bezahlte Werbung in einer Zeitung, die als Zeitungsartikel getarnt ist) verkaufen. Der Artikel sieht für den Leser nach einem recherchierten, objektiven Beitrag der Redaktion aus, doch in Wirklichkeit wurde der Text von einer externen Beraterfirma verfasst, die dafür Geld bekommt. Der Vertriebler sagte zu mir:

»Herr Jachtchenko, weil Sie es sind, möchte ich Ihnen einen Rabatt von 20 Prozent auf den Gesamtpreis geben – mein Angebot gilt aber *nur bis heute um 18 Uhr.*« Er versuchte es also mit zeitlicher Verknappung.

Doch habe ich mir die Frage gestellt: Was passiert nach 18 Uhr? Wird das Internet geschlossen? Gibt es wirklich keine Möglichkeit, auch in einer Woche dieses Advertorial zu kaufen? Natürlich ist die Antwort darauf, dass hier getrickst wurde. Das Internet wird es auch morgen geben – und es ließen sich dort theoretisch Tausende Advertorials täglich anlegen. Mit anderen Worten: Der Vertriebler hat die Knappheit nur künstlich hergestellt. Frage dich also immer, ob die Knappheit wirklich besteht – und nicht auf manipulative Weise nur durch Scheinargumente geschaffen wurde.

Eine letzte Warnung vor Cialdinis »Teuflischen Sechs«

Cialdinis sechs kognitive Verzerrungen wirken auf unsere Emotionen und unsere Psyche. Die verstandesmäßige Erkenntnis dieser Verzerrungen und ihrer Wirkmechanismen schützt uns nur bedingt vor ihnen. Insbesondere fallen Menschen auf sie herein, die ihrer Intuition großen Glauben schenken. Wie häufig sprechen viele von einem guten oder schlechten Bauchgefühl? Vor allem emotionale Menschen glauben an die Überlegenheit des Herzens über die Vernunft. Doch genau darin liegt das Problem: Die kognitiven Verzerrungen rufen bestimmte Emotionen hervor, die der satanische Verhandlungskünstler nach Belieben steuern kann. In einer Welt, in der Menschen auch unsere emotionalen Zustände steuern können, dürfen wir unserer Intuition also nicht automatisch trauen.

Zumindest ergänzend zu unserem Bauchgefühl sollten wir bei wichtigen Verhandlungen auch auf unsere Vernunft hören. Vor allem dann, wenn es nicht um private Dinge geht, sondern um finanzielle Entscheidungen. Wenn ich dich zum Beispiel fragen würde, wie viel 400 geteilt durch 25 ist, dann würdest du mir ja auch nicht antworten, was dein Bauchgefühl oder eine Intuition dir zu dieser Frage sagt. Bei mathematischen Aufgaben geben wir dem Verstand immer den Vorrang. Gerade wenn es bei der Verhandlung um finanzielle Entscheidungen geht, würde ich die Intuition vom Entscheidungstisch verbannen und das Angebot des Gegenübers durchrechnen oder auf sonstige Weise objektiv nachprüfen. Wenn du dennoch lieber auf deine Intuition hören möchtest, ist das natürlich deine Entscheidung. Doch musst du in diesem Fall davon ausgehen, dass du für den satanischen Verhandlungskünstler leichte Beute bist. Er jedenfalls wird sich darüber freuen.

V. Die Chamäleon-Strategie

Ich habe eiserne Prinzipien.
Wenn sie Ihnen nicht gefallen, habe ich noch andere.

Groucho Marx

Menschen sind sehr unterschiedlich – für diese Erkenntnis braucht man kein Psychologiestudium. Die einen sind fair, die anderen skrupellos. Die einen dominant, die anderen Angsthasen seit ihrer Geburt. Einige kann nichts aus der Ruhe bringen, andere explodieren bei dem ersten falschen Wort. Doch was hat das jetzt mit dem Thema Verhandeln zu tun? Die Antwort darauf gibt uns eine weitere kognitive Verzerrung namens *similarity attraction effect*, auf Deutsch: der Ähnlichkeits-Anziehungs-Effekt. Der Volksmund sagt dazu: Gleich und Gleich gesellt sich gern. Und genau das ist es, was der satanische Verhandlungskünstler *als Verwandlungskünstler* ausnutzen wird.

Wir haben bereits beim Thema Sympathie erfahren, dass Menschen mit gutem Aussehen bessere Karten haben. Doch die größte Sympathie bringt die Chamäleon-Strategie, inspiriert durch die Persönlichkeitspsychologie! Die Grundidee dabei ist: Der satanische Verhandlungskünstler passt sich der Persönlichkeitsstruktur seines Gegenübers an und gewinnt so dessen Zuspruch. So wie das Chamäleon seine Farbe seiner Umgebung anpasst, passt der clevere Verhandlungskünstler seinen Charakter dem seines Gegenübers an und gewinnt so schnell dessen Vertrauen.

Es gibt verschiedene Persönlichkeitsmodelle, mit denen die Psychologie versucht, unterschiedliche Charaktere der Menschen zu kategorisieren. Der wohl berühmteste Arzt der Geschichte, Hippokrates, hat bereits vor circa 2500 Jahren die Menschen in vier Typen eingeteilt: (1) *Sanguiniker*, die heiter, jedoch leichtsinnig sind, (2) *Phlegmatiker*, die träge, jedoch zuverlässig sind, (3) *Melancholiker*, die traurig, jedoch beherrscht sind, und schließlich (4) *Choleriker*, die entschlossen, jedoch leicht erregbar sind. Wenn du die Kategorisierung kennst und magst, kannst du auch diese in deinen Verhandlungen anwenden, um dich dem Charakter deines Verhandlungspartners anzupassen.

Ich hätte jedoch noch ein anderes Modell für dich, das ich selbst gern in meiner Coaching- und Verhandlungspraxis nutze: das 4-Farben-Modell. Nach diesem Modell lassen sich alle Menschen den vier Farben Rot, Blau, Gelb und Grün zuordnen.[97] In der Verhandlung geht es darum, den anderen schnell einer der vier Farben zuzuordnen und die eigene Charakterfarbe nach außen entsprechend anzupassen. In der Chamäleon-Strategie wird die Verhandlungskunst also zur Verwandlungskunst. Schauen wir uns nun die Eigenschaften der jeweiligen Farbe etwas genauer an.

Der rote Typ

Der rote Menschentyp ist ein Alfa-Typ. Er will nicht lange grübeln, sondern machen und umsetzen – und dabei schnell Ergebnisse sehen. Hier sind Charaktereigenschaften, die den Roten am besten beschreiben:

- dominant
- ungeduldig
- entscheidungsfreudig
- willensstark
- geltungsbedürftig
- energisch
- extrovertiert
- konkurrierend

Meist ist der rote Menschentyp eine Führungskraft oder ein Unternehmensgründer, der genau weiß, was er will. Im Verhandlungsgespräch erkennst du ihn daran, dass er dich häufig unterbricht, immer in Zeitnot ist und dir gern auch mal widerspricht.

Er sieht die Verhandlung als Konkurrenzsituation, in der es nur einen Sieger geben kann. Natürlich möchte er gewinnen, weil er großen Geltungsdrang verspürt. Der satanische Verhandlungskünstler wird daher die Verhandlung so aussehen lassen, als hätte sie der rote Typ gewonnen. Vorteilhaft an diesem Typ ist, dass er offen und selbstbewusst seine Wünsche und Verhandlungsziele kommuniziert und keine langen Ausschweifungen macht. Ebenso erwartet er auch von seinen Verhandlungspartnern, dass sie schnell auf den Punkt kommen.

Dem roten Typ geht es hauptsächlich um Status und Anerkennung. Diese wird ihm ein satanischer Verhandlungskünstler gern angedeihen lassen, zum Beispiel in Form dieser Schmeichelfrage: »Herr Rot, wie ist es Ihnen eigentlich so schnell gelungen, ein so stabiles und rentables Unternehmen aufzubauen?« Natürlich streichelt diese Frage sein Ego – und genau das ist seine Schwachstelle. Doch Vorsicht: Die roten Persönlichkeitstypen mögen keine Waschlappen. Der satanische Verhandlungskünstler wird dem Roten daher auf Augenhöhe begegnen und ebenfalls selbstbewusst und dominant auftreten. Denn der Ähnlichkeits-Anziehungs-Effekt fordert ja, dass man dem anderen gleicht, um schnell eine Verbindung herzustellen.

Es gilt beim Roten also, einen gewissen Spagat zu schaffen zwischen (a) den Verhandlungspartner in Szene setzen und dominieren lassen und (b) selbst dominant auftreten und voller Selbstbewusstsein die eigene Position vortragen. In meinen Verhandlungstrainings bekomme ich häufig den Einwand zu hören, dass dies ja superschwer sei, weil beide gewissermaßen das Gespräch dominieren müssen. Meine Antwort darauf: Natürlich ist es schwer! Deswegen heißt es ja auch Verhandlungskunst. Doch wer diesen schwierigen Spagat meistert, kann schnell die Sympathie des Roten gewinnen. Und natürlich ist die Wahrscheinlichkeit, dass er einen Deal mit dir abschließt, viel größer, wenn er dich sympathisch findet.

Der blaue Typ

Der »blaue« Menschentyp ist ein Zahlen-Daten-Fakten-Typ. Er denkt lange nach, bevor er handelt, und möchte alle erdenkbaren Argumente recherchieren, bevor er eine Meinung annimmt. Für ihn zählen Wahrheit und Richtigkeit mehr als Dominanz und Imponiergehabe. Hier sind die Hauptcharaktereigenschaften, die den Blauen am besten beschreiben:

- gewissenhaft
- analytisch
- präzise
- geduldig
- perfektionistisch
- akkurat
- zuverlässig
- introvertiert

Weil der blaue Typ es bevorzugt, sich auf alles gut vorzubereiten und genügend Zeit zu haben zu reflektieren, wird der satanische Verhandlungskünstler ihn mit allerlei Statistiken und Zahlen füttern, welche die eigene Verhandlungsposition günstig erscheinen lassen. Und weil der Blaue eher distanziert, introvertiert und kühl ist, wird er nicht auf Small Talk setzen, sondern beim Aufeinandertreffen gleich zur Sache kommen. Anders als beim Roten wird der satanische Verhandlungskünstler so sachlich und nüchtern wie möglich auftreten, um dem Charakter des Blauen am ehesten zu entsprechen. Es kommt hier neben Zahlen, Daten und Fakten auch auf solide Begründungen an. Denn Zahlen wollen interpretiert und eingeordnet werden. Dabei kann übrigens, um die vorgestellten Zahlen zu würzen, das Buch *Wie lügt man mit Statistik* von Darrel Huff jedem Manipulanten ein guter Wegbegleiter sein.

Vorsichtig sein beim Blauen muss man mit logischen Sprüngen und Widersprüchen, da er sie nicht ausstehen kann und sie für ihn ein rotes Tuch sind. Wenn er in der Verhandlung nicht mit Freudensprüngen auf deinen Angebotsvorschlag reagiert, dann ist das kein schlechtes Zeichen. Er ist niemand, der seine

Gefühle nach außen zeigt. Währen du beim Roten seine Stimmung direkt an der Mimik ablesen kannst, ist die Körpersprache und Stimme des Blauen, wie sein ganzes Wesen, eher stetig und unscheinbar. Genauso wird daher auch die Körpersprache des satanischen Verhandlungskünstlers sein. Für den Blauen gilt: Weniger Emotion ist mehr. Und Logik ist Trumpf.

Weil der Blaue ein introvertierter Typ ist, der nicht so gern von Angesicht zu Angesicht mit unbekannten Menschen kommuniziert (weil sie ihm Energie rauben), kann man die Verhandlung mit ihm gern auch schriftlich führen. Dabei ist darauf zu achten, dass die E-Mails gut strukturiert sind und im Anhang alle nötigen Statistiken und Grafiken, um die Informationen des Textes zu stützen. Natürlich brauchen diese ausführlichen E-Mails mehr Zeit. Doch der satanische Verhandlungskünstler wird sich diese gern nehmen, weil er weiß, dass er sich ja die Zeit eines persönlichen Meetings mit langem Small Talk beim Blauen sparen kann.

Der gelbe Typ

Der gelbe Menschentyp ist ein kontaktfreudiger Netzwerker. Er interessiert sich für andere und ihre privaten Storys und redet lieber, als dass er zuhört. Er lässt sich am besten durch folgende Eigenschaften beschreiben:

- gesellig
- emotional
- optimistisch
- lebhaft
- ausgelassen
- redselig
- offen
- extrovertiert

Weil der Gelbe gern redet, wird ihm der satanische Verhandlungskünstler natürlich viel Zeit dafür lassen. Bei ihm spielt der Small Talk vor und nach dem eigentlichen Deal eine entscheidende Rolle: Schafft man es nicht, ihn auf der Beziehungsebene für sich zu gewinnen, wird er auf der Sachebene ungern seine Zustimmung geben. Konkret kann sich das Vorgespräch so gerne auch mehrere Stunden hinziehen, bevor der Gelbe überhaupt zu den Inhalten übergehen möchte. Doch erwartet unser offener Typ, nachdem er seine Storys losgeworden ist, auch von seinem Gesprächspartner große Offenheit. Hier wird der satanische Verhandlungskünstler schöne Geschichten und Anekdoten aus dem Privatleben vorbereiten, um das Herz des Gelben zu gewinnen.

Weil der Gelbe (wie der Rote) ein extrovertierter Typ ist, sollte man mit ihm nach Möglichkeit ein persönliches Treffen vereinbaren, statt nur über Telefon oder Videokonferenz-Tools zu kommunizieren. Im Grunde sollte man beim Gelben genau das vermeiden, was beim Blauen angemessen wäre: zahlenlastige E-Mails, ausführliche Begründungen und den Hang zur Sachlichkeit. Stattdessen kurze und knappe E-Mails, bei denen es nur um den Zeitpunkt des Treffens gehen sollte – noch besser wäre ein kurzer Anruf.

Beim Treffen selbst wird der satanische Verhandlungskünstler statt auf solide Begründungen auf einleuchtende Beispiele setzen und diese mit vollem Enthusiasmus vortragen. Ist die Sachdiskussion zu Ende, will der Gelbe zurück auf die persönliche Ebene. Daher wird sich der satanische Verhandlungskünstler auch am Ende der Verhandlung auf einen ausführlichen Small Talk einlassen und ihn beispielsweise fragen, wo er demnächst Urlaub machen wird oder was er am kommenden Wochenende vorhat. Natürlich muss auch unser Verwandlungskünstler seine private Seite zeigen – stimmen müssen seine privaten Ausführungen allerdings nicht. Überprüfen kann sie ja keiner.

Der grüne Typ

Der grüne Menschentyp ist ein harmoniebedürftiger Teamplayer. Er ist, wie der blaue Typ, introvertiert – und im Gegensatz zum gelben Typ eher wortkarg. Am besten lässt er sich durch folgende Charakterzüge beschreiben:

- empathisch
- konfliktscheu
- loyal
- stetig
- durchsetzungsschwach
- fürsorglich
- diplomatisch
- introvertiert

Weil der Grüne harmoniebedürftig ist, wird er in einer Verhandlung kaum widersprechen und selten offen sagen, worauf es ihm bei einem guten Deal ankommt. Man weiß bei ihm nie so genau, woran man ist. Um Konflikten aus dem Weg zu gehen, stimmt er uns höflich zu, obwohl er innerlich ganz genau weiß, dass er am Ende nicht unterschreiben wird. In gewisser Weise ist der grüne Typ selbst ein Chamäleon, weil es ihm selten um sich selbst, sondern hauptsächlich um eine gute Beziehung zu seinem Verhandlungspartner geht. Er wird sich daher intuitiv deinem Charakter anpassen und dadurch mehr Vertrauen schaffen. Doch im Gegensatz zum satanischen Verhandlungskünstler, der sich nur verwandelt, um den anderen abzuziehen, geht es dem Grünen um ein gutes Verhältnis auf der Beziehungsebene.

Doch wie soll man mit einem Menschentyp verhandeln, der sich an uns anpasst und nicht widersprechen will? Wie findet der satanische Verhandlungskünstler heraus, was der Grüne denkt und was er will? Die Antwort ist: Zunächst wird unser Manipulant, wie beim gelben Typ, in einem persönlichen Small Talk eine gute Beziehung zum emotionalen grünen Typ herzustellen versuchen. Wenn er einen guten Draht zu ihm hergestellt hat, wird er dem Grünen zur Verhandlungssache mehrere offene Fragen stellen, um ihn zum Sprechen zu bringen. Hat er durch geschicktes Fragen seine Meinung erfahren, wird sich unser Manipulant nun wie ein Chamäleon dem Grünen zuerst anpassen und so schnell sein Harmoniebedürfnis stillen.

Noch ein letzter Hinweis zum Grünen: Weil er sich gern um andere sorgt, wird der satanische Verhandlungskünstler den Deal so framen, dass nicht nur der Grüne selbst, sondern auch seine Nächsten davon profitieren werden (zum Beispiel sein Team, seine Familie etc.). Der Manipulant kommt also der Fürsorglichkeit des Grünen entgegen – und der Verhandlungsabschluss wird dadurch noch wahrscheinlicher. Übrigens ist es beim Roten natürlich genau umgekehrt: Bei ihm wird der satanische Verhandlungskünstler den Deal so framen, dass der Rote durch die Verhandlung am meisten gewinnt.

Jetzt weißt du das Wichtigste zum 4-Farben-Modell und fragst dich vielleicht, wie der für seine Hinterlist gefürchtete Verhandlungskünstler das Ganze gegen dich verwenden kann. Dazu jetzt ein Fall eines weiteren Coaching-Kunden von mir, der (ein Lob an dich, Alexander!) die Chamäleon-Strategie sogar selbst erkannt hat.

Fall 27: Die vom Chamäleon inspirierten Vermögensberater

Mein Sohn macht momentan ein einjähriges Praktikum bei einer großen Vermögensberatungsfirma. Diese ist so aufgebaut, dass man als Berater weitere Berater rekrutieren kann, die dann möglichst viele ihrer Freunde, Bekannten und Verwandten beraten sollen. Der Werber (und auch dessen Chef) wird dann anteilig an den Provisionen beteiligt. Somit ist es das Ziel jedes Beraters, möglichst viele neue Berater anzuschleppen. Also hat er mich und meine Frau zu einem dort regelmäßig stattfindenden Infoabend eingeladen. Da die Einladung über

unseren Sohn kam, haben wir natürlich zugesagt (Manipulation 1). Dort wurde uns das Modell der Vermögensberatung erklärt und uns in schönsten Farben ausgemalt, wie schnell man damit viel Geld verdienen kann, sogar im Nebenberuf (dass die Werber einen Großteil der Provision erhalten, wurde nicht erzählt, ebenso wenig, dass man seinen Anteil natürlich auch versteuern muss und so recht wenig übrig bleibt).
Zum Abschluss haben wir alle einen kostenlosen DISG-Test gemacht und wurden zu einem Folgetermin eingeladen. Durch den Persönlichkeitstest wussten die Berater genau, über welche individuelle Schiene sie uns ansprechen müssen (Manipulation 2). Obwohl mir die Manipulation bewusst war, habe ich den Chef dennoch als sehr sympathischen Menschen wahrgenommen, der sich sehr gut verkaufen kann. Ich habe den Beschluss gefasst, nach meinen Regeln einzusteigen. Somit hat die Manipulation, obwohl ich sie durchschaut habe, dennoch zu einem gewissen Erfolg geführt. Aber über die Sympathie und die Familienschiene hat er mich letztendlich bekommen.

Erstaunlich bei dieser aus dem wahren Leben gegriffenen Geschichte ist, dass jemand, der die Manipulation durchschaut hat, trotzdem darauf angesprungen ist. So mächtig ist also der Ähnlichkeits-Anziehungs-Effekt.

Obwohl der Chef offensichtlich mit Kenntnis der Persönlichkeitsstruktur Alexanders hantiert hat und Letzterem dieses beim Gespräch bewusst war, beschreibt ihn Alexander als »sehr sympathisch«. Ein weiterer Beweis dafür, dass selbst die Kenntnis der kognitiven Verzerrungen nicht davor schützt, darauf hereinzufallen. Sicherlich spielte eine große Rolle, dass sein Sohn dort ein

Praktikum gemacht hat. Insofern haben wir bei diesem Fall eine unheilige Allianz zwischen dem Ähnlichkeits-Anziehungs-Effekt und dem oben beschriebenen zweiten Cialdini-Prinzip der Sympathie.

Ist das 4-Farben-Modell nicht zu simplistisch?

Wenn ich in meinen Verhandlungstrainings das 4-Farben-Modell präsentiere, gibt es immer ein bis zwei skeptische Teilnehmer, die das Modell ablehnen, weil sie sich entweder nicht einer der vier Farben eindeutig zuordnen können oder weil sie denken, dass Menschen – je nach konkreter Situation und ihrer besonderen sozialen Rolle – eine andere Farbe oder eine Mischung aus mehreren Farben darstellen können.

Zu ihrem großen Erstaunen gebe ich ihnen uneingeschränkt recht. Denn natürlich sind die vier Farben als Idealtypen gemeint – und die meisten Menschen verkörpern zwei bis drei Farben in sich. Doch meist ist in einer konkreten Verhandlungssituation eine bestimmte Farbe dominant, der sich der satanische Verhandlungskünstler dann geschickt anpassen wird. Ebenfalls richtig ist der Einwand, dass wir in unterschiedlichen Gruppen, ja sogar zu verschiedenen Tageszeiten unterschiedliche Farben leben.

Doch wie das Leben, so ist auch das 4-Farben-Modell dynamisch. Der satanische Verhandlungskünstler braucht nicht zu wissen, ob deine aktuelle Farbe, die du in der konkreten Gesprächssituation zeigst, deine häufigste Charakterfarbe ist. Er braucht auch nicht zu wissen, aus welchem Grund du in einer konkreten Situation eine bestimmte Farbe zeigst. Alles, was er zu tun hat, ist, sich deiner *aktuellen* Farbe anzupassen.

Im Übrigen ist ihm auch einerlei, dass eine im Moment rote und dominant-entscheidungsfreudige Verkaufsleiterin sich zu Hause in eine gelbe und äußerst kommunikative und herzliche

Person verwandelt. Er hat ja nicht privat mit ihr zu tun, sondern wird sich – als der Verwandlungskünstler, der er ist – ihrer aktuell roten Farbe anpassen. Kurz: Die Frage ist also *nicht*, welche Farbe ein Mensch grundsätzlich hat, sondern welche Farbe er aktuell zeigt.

VI. Emotionale Anker und ihre Zahlen-Vorgänger

Über alles hat der Mensch Gewalt,
nur nicht über sein Herz.

Friedrich Hebbel

Es ist eine Binsenweisheit, dass sich Menschen durch Emotionen leiten lassen. Wer die Emotionen des anderen manipuliert, manipuliert also gleichzeitig auch sein Handeln. Und genau darum geht es bei dem, was man »emotionales Ankern« nennt. Doch bevor ich zu diesem modernen und größtenteils noch völlig unbekannten Ankern des 21. Jahrhunderts komme, möchte ich über die Vorgänger der emotionalen Anker sprechen, die »Zahlenanker«. Das Ankern durch Zahlen ist in Verhandlungen leicht anwendbar und höchst manipulativ. Selbst wenn du schon mal was darüber gehört hast, werden dich die nachfolgenden Experimente sicher beeindrucken!

Ankern durch Zahlen

Kurz gesagt bedeutet Ankern durch Zahlen, dass die in der Verhandlung erstgenannte Zahl uns stark beeinflusst und so unser Urteil verzerrt. In gewisser Weise ist es ein Spezialfall des Priming-Effekts aus dem Anfangskapitel. Beim Priming manipuliert der erste Reiz die anschließende Handlung, wobei der Reiz in jedweder Form auftauchen kann (Bild, Ton, Geruch und so weiter). Das Ankern durch Zahlen möchte ich an meinem Lieblings-Anker-Experiment veranschaulichen:[98] Museumsbesucher in San Francisco wurden am Ende der Führung gefragt, wie viel Geld sie für Vögel spenden würden, die einer Ölpest zum Opfer gefallen sind. Das Besondere: Der Guide hat nach einem ganz konkreten Betrag gefragt – und die anschließende Spendenbereitschaft der Besucher war extrem unterschiedlich ausgeprägt. Bei zwei Gruppen wurde nach der gleichen Führung ein unterschiedlicher Zahlenanker ausgeworfen:

Gruppe 1: »Wären Sie bereit, 5 Dollar zu geben?«
Spendenbereitschaft (im Schnitt): 20 Dollar
Gruppe 2: »Wären Sie bereit, 400 Dollar zu geben?«
Spendenbereitschaft (im Schnitt): 143 Dollar

Erstaunlich, dass der höhere Zahlenanker im Schnitt mehr als die 7-fache Spendenbereitschaft ausgelöst hat!

Bei einem anderen klassischen Experiment sollten Studenten schätzen, wie hoch der größte Riesenmammutbaum ist:[99]

Gruppe 1: Bei einem Anker von 366 Metern wurde der größte Mammutbaum auf im Schnitt 257 Meter geschätzt.
Gruppe 2: Bei einem Anker von 55 Metern wurde der größte Mammutbaum auf im Schnitt 86 Meter geschätzt

Hier hat der Anker einen riesigen 3-fachen Unterschied ausgemacht.

Auch vor Gericht spielt das Ankern durch Zahlen eine enorme Rolle. In einem Experiment[100] wurde in einem simulierten Gerichtsverfahren den Personen, die den Richter spielten, jeweils ein anderer Anker vorgesetzt. Es ging darum, dass ein Geschädigter Schadenersatz für ein gebrochenes Bein erhalten sollte. Dabei stand außer Frage, dass der Beklagte den Schaden verursacht hatte. Es ging nur um die Höhe des Schadenersatzes. Der Anwalt des Geschädigten hatte in unterschiedlichen Gruppen unterschiedliche Beträge für seinen Mandanten gefordert – hier eine Übersicht, wie der Anker die Menschen manipuliert hat:

Anwalt fordert	Gewährter Schadenersatz
$ 100 000	$ 90 333
$ 300 000	$ 188 462
$ 500 000	$ 282 868
$ 700 000	$ 421 538

Auch hier ist zu bedenken, dass der Ausgangsfall in allen vier Gruppen derselbe war. Doch der Zahlenanker des Anwalts bedeutete, wenn man den ersten und letzten gewährten Schadenersatz vergleicht, für seinen Mandanten mehr als das 4,5-Fache an Geld. Seit Jahrzehnten wird auch außerhalb von Gerichtsräumen in zahlreichen Meta-Studien die Wirksamkeit des Anker-Effekts bestätigt.[101]

Wenn du jetzt glaubst, dass deine Expertise dich vor der Manipulation durch den Anker-Effekt bewahren könnte, so liegst du leider falsch. Als nämlich bei einem anderen Experiment[102] (ahnungslosen) Studenten und (professionellen) Immobilienmaklern ein und dasselbe Immobilienobjekt vorgelegt wurde, das sie auch vor Ort besichtigen durften, haben sich beide Gruppen vom unterschiedlichen Preis-Anker im Exposé bei der Preisbewertung des Objekts stark manipulieren lassen. Auch ausgebildete Richter ließen sich durch einen Straf-Anker des Staatsanwalts manipulieren: Je mehr Haft ein Staatsanwalt gefordert hatte, desto härter fiel das Urteil aus (bei einem sonst identischen Fall). Die Moral von der Geschicht': Expertise schützt vorm Anker nicht!

Doch natürlich kann der satanische Verhandlungskünstler nicht bis ins Unermessliche mit Zahlen ankern. Irgendwann fällt auch dem geistig unbewaffnetsten Mitbürger auf, dass die Zahlen zu hoch gegriffen sind. Bei den gerade genannten Beispielen für Schadenersatz für ein gebrochenes Bein sowie für eine Immobilie befanden sich die vorgegebenen Anker gerade noch in einem realistischen Rahmen. Hätte der Anwalt für das gebrochene Bein mit zehn Milliarden Dollar geankert oder wäre im Exposé die Immobilie mit 15 Milliarden Dollar bewertet gewesen, wären diese übertriebenen Zahlenanker für die Manipulation kontraproduktiv. Die Forschung sagt, dass der Anker »plausibel« sein muss und nicht »extrem« sein darf, um eine große Wirkung zu entfalten.[103] Der satanische Verhandlungskünstler, der die Forschungsliteratur dazu kennt, wird sich also genau überlegen, welcher Anker-Höhe seinem Opfer gerade noch plausibel und vertretbar erscheinen wird.

Noch ein letzter Gedanke zum Zeitpunkt des Zahlen-Ankers: In einer Verhandlung geht es ja meist um den Preis. Der Preis ist eine Zahl. Doch sollte man als Käufer oder Verkäufer seinen Anker zuerst werfen? Oder lieber abwarten, bis der andere seinen Preis nennt, und erst danach gegenankern? Dazu hat die Forschung über die letzten Jahrzehnte eine eindeutige Antwort: [104] Wer zuerst ankert (egal ob Käufer oder Verkäufer), bekommt das bessere Verhandlungsergebnis. Auch beim Verhandeln gilt also die alte Volksweisheit: Der frühe Vogel fängt den Wurm.

Der Zahlenanker und die Präzisionsfalle

Eine Variante des Ankerns durch Zahlen stellt die sogenannte Präzisionsfalle dar. Sie ist eine kognitive Verzerrung, bei der Menschen die *Richtigkeit* mit der *Präzision* vertauschen. Kostet ein Produkt beispielsweise 18,86 Euro, so vertrauen wir diesem Preis mehr, als wenn dasselbe Produkt für exakt 20,00 Euro angeboten wird. Beim ersten Preis denken wir: »Die 18,86 Euro sind das Ergebnis einer exakten mathematischen Berechnung – das wird schon alles seine Richtigkeit haben!« Dagegen erscheint uns der Preis von exakt 20 Euro einfach zu rund und dadurch unglaubwürdig. Doch genau darin liegt unsere Fehlannahme: Nur weil ein Betrag präzise angegeben wird, ist er dadurch ja nicht angemessen. Er erscheint uns bloß als angemessen.

Die Präzisionsfalle wird schön veranschaulicht durch ein Experiment, bei dem Teilnehmer den Einkaufspreis einer modernen TV-Anlage schätzen sollten.[105] Ihnen wurde gesagt, dass das Elektrogeschäft, in dem sie diese TV-Anlage kaufen können, sehr faire Preise anbietet und sich der Einkaufspreis (der Preis, zu dem das Geschäft den Fernseher vom Hersteller erworben hat) nur leicht unter dem Verkaufspreis für Endkunden befinden wird. So schätzten die Teilnehmer den Einkaufspreis:

Verkaufspreis im Geschäft	Geschätzter Einkaufspreis
$ 5000	$ 4158
$ 4988	$ 4569
$ 5012	$ 4578

Diese Zahlen belegen: Bei einem runden Verkaufspreis vermuten die Kunden, dass der wahre Wert der TV-Anlage viel niedriger sei. Obwohl der Anker (Verkaufspreis im Geschäft) nur um 12 Dollar variiert, schätzen die Menschen den Wert des Produkts gleich um etwa 400 Dollar niedriger ein. Mit Zahlen lässt sich also trefflich in einer Verhandlung manipulieren – und mit präzisen Zahlen umso besser. Dazu ein Fall eines weiteren Coaching-Kunden von mir:

Fall 28: Die überpräzise Pseudo-Rendite

Ich ging wegen einer banalen Frage zu meiner Bank. Dort war »leider« gerade ein Berater eines Immobilienfonds anwesend, der meine Wartezeit für ein Verkaufsgespräch nutzte. Er jonglierte mit vielen Statistiken, rechnete mir eine Wertsteigerung von genau 67,53 Prozent in den letzten 36 Monaten vor und überredete mich letztendlich dazu, 5000 Euro in diesen Fonds zu investieren. Von den fälligen Gebühren in Höhe von mehreren Hundert Euro sagte er beim Vertragsabschluss kein Wort. Nachdem ich nach über 15 Monaten immer noch nicht die eingezahlte Summe von 5000 Euro wieder erreicht hatte, verkaufte ich den Fonds mit entsprechendem Verlust. So was passiert mir nie wieder!

Nachdem wir gerade über die Präzisionsfalle gesprochen haben, ist dir hier sicher sofort die unglaubliche und überpräzise Rendite von 67,53 Prozent aufgefallen. Hier müssen wir dem Berater nicht einmal eine Lüge unterstellen. Wie wir beim Kapitel zum Thema Framing gelernt haben, kann der satanische Verhandlungskünstler durch die geschickte Auswahl eines Zeitraums (oder einer anderen Metrik) die Realität so erscheinen lassen, wie sie ihm am meisten nützt. Den präzisen Zahlen ist mein Coaching-Kunde leider auf den Leim gegangen. Doch ich bin sicher, dass ihm das nicht so schnell wieder passiert. Aus diesem Fall lernen wir natürlich auch, dass wir für die Wartezeit in der Bank ein gutes Buch mitnehmen sollten, damit wir uns nicht langweilen und uns ein »spontanes« Verkaufsgespräch nicht Geld aus der Tasche zieht.

Der Zahlenanker und die Low-Ball-Technik

Eine andere gemeine Variante des Ankerns durch Zahlen ist die sogenannte »Low-Ball-Technik«. Hier lockt dich der Verkäufer durch einen niedrigen Preis in seinen Laden (oder auf seine Website). Der Preis ist so erstaunlich niedrig, dass du als Kunde nicht widerstehen können sollst, dir das Angebot näher anzuschauen. Durch diesen niedrigen Zahlenanker entscheidest du dich relativ schnell, das Produkt oder die Dienstleistung gleich an Ort und Stelle zu kaufen. Der geringe Preis (und die eigene Gier) entfalten eine magische Wirkung auf dich – und der gut gelaunte Verkäufer beglückwünscht dich, eine richtige Entscheidung getroffen zu haben.

So weit, so gut. Doch kurz vor dem Unterzeichnen des Vertrags kommen weitere Kosten auf dich zu, ohne die »leider« der Deal nicht möglich ist.[106] Der satanische Verhandlungskünstler nutzt dabei häufig zusätzlich die Salami-Taktik, bei der die Zusatzkosten nicht auf einmal, sondern Stück für Stück dazukommen und dadurch weniger wehtun sollen. Wie der Zufall so will, hat mir erst vor Kurzem mein Coaching-Kunde Wolfram seinen Fall dazu geschildert.

Fall 29: Das unglaublich günstige Fitness-Studio

Mein Fitness-Center wirbt mit »Trainieren ab 19,90 Euro monatlich!«. Doch beim Vertragsgespräch hat sich herausgestellt, dass das nur ein Preis für Studenten ist, dieser nur tagsüber gilt, noch eine Einschreibegebühr von 19,90 Euro dazukommt sowie eine verpflichtende halbjährige »Trainergebühr« von jeweils 19,90 Euro zu entrichten ist. Insgesamt wäre ich bei circa 32 Euro monatlich, all-inclusive (Getränke-Flat, Elektrotraining, Solarium).

Da ich sonst ein kühler Rechner bin, wollte ich den Vertrag mit nach Hause nehmen und »drüber schlafen«, was mir aber vom Verhandler mit fadenscheinigen Argumenten untersagt wurde. Da der Fitnessclub und der Preis mir in etwa zusagten, versuchte ich noch Solarium und Getränkeflat (mit Pulvern »veredeltes« Leitungswasser) herauszuverhandeln. Wie ein Hütchenspieler mischte, verschleierte und überrumpelte mich der verhandelnde Gegenpart mit Argumenten und Zugeständnissen, gab mir zwei Monate gratis, und ich kam wieder auf den Ausgangspreis von circa 30 Euro monatlich. Das merkte ich erst zu Hause, als es zu spät war, da keine Widerrufsfrist.

Aus Ärger bin ich nie wieder hingegangen, es wurde nie abgebucht. Nach zwei Jahren kündigte ich vorsichtshalber: Nachzahlung 800 Euro ☹

Wahrscheinlich kannst du Wolframs Ärger gut nachvollziehen. Andererseits könntest du auch sagen: Sind doch nur 10 Euro Unterschied zu dem, was er ursprünglich haben wollte! Doch 10 Euro sind in diesem konkreten Fall volle 50 Prozent. Wenn du eine Gehaltseinbuße von 50 Prozent in Kauf nehmen müsstest, wäre das auch wenig? Natürlich nicht! Und da das Fitnessstudio auf Masse geht und mit dieser Low-Ball-Technik pro Kunde mindestens 50 Prozent mehr Umsatz macht, ist das über die Jahre betrachtet ein riesiger Gewinn.

Man darf an dieser Stelle die Schuld aber nicht allein den raffinierten Verkäufern geben. Denn in Wirklichkeit ist es unsere eigene Gier, die dazu führt, dass wir auf die Low-Ball-Technik hereinfallen. Der Fall mit Wolfram kann uns aber eine gute Lehre sein, wie Stück für Stück clevere Verkäufer Zusatzkosten verlangen und uns mit kleinen Zugeständnissen zum Kauf »motivieren«. In der Rückbetrachtung wäre es besser gewesen, wenn Wolfram dort wenigstens trainiert hätte. Aber in der Rückbetrachtung ist alles immer einfacher.

Fünf Gegengifte zum Zahlenanker

Da selbst Experten dem Ankern durch Zahlen zum Opfer fallen, ist es wichtig, mehrere Strategien gegen diese Manipulationstechnik zu kennen, um nicht darauf hereinzufallen.

Gegengift 1: Auf das eigene Ziel fokussieren. Jeder gute Verhandler wird vor einer Verhandlung zwei Ziele definieren – ein *Optimalziel* und ein *Minimalziel*. Das Optimalziel ist das, was herauskommen würde, wenn der Verhandlungspartner alle unsere Vorschläge akzeptiert und dem aus unserer Sicht perfekten Deal zustimmt. Das Minimalziel dagegen ist der Deal, mit dem wir gerade noch zufrieden sind – der aber unseren Status quo zumindest minimal verbessert. Stell dir vor, du möchtest deine Wohnung verkaufen. Egal, wie tief der Käufer ankert, und egal welche Gutachten er anschleppt, mit denen er Mängel an deiner Wohnung nachweisen möchte: Du solltest vor der Verhandlung mit ihm einen Preis definieren, unter dem du deine Wohnung unter keinen Umständen verkaufen wirst. Das ist dein Minimalziel. Wenn du diesen Minimalpreis vor der Verhandlung definiert hast, dann kann der (satanische) Käufer so viel ankern, wie er will. Dein Minimalziel fest vor Augen, wirst du niemals unter deinem vorher fest definierten Verkaufspreis verkaufen.

Gegengift 2: Gegenanker setzen. Da du jetzt weißt, dass Zahlenankern so effektiv ist, kannst du natürlich auch Gleiches mit Gleichem vergelten. Das heißt: Du setzt selbst einen Zahlenanker als Antwort auf die erstgenannte Zahl deines Verhandlungspartners. Seine Zahl ist viel zu hoch, deine Zahl ist viel zu niedrig – anschließend nähert ihr euch beide der goldenen Mitte. Letztlich wird die Verhandlung dadurch zu einem Basar. Aber wer hat gesagt, dass Basare schlecht funktionieren? Seit Jahrtausenden handeln Käufer und Verkäufer auf diese Weise miteinander und üben sich im Ankern und Gegenankern. Wer aber das Ankerprinzip gar nicht kennt, hat auch auf dem Basar das Nachsehen.

Gegengift 3: Müde lächeln. Eine weitere Möglichkeit ist, den erstgenannten Preis des Verhandlungspartners nicht ernst zu nehmen und durch ein müdes Lächeln zu suggerieren, dass du den Ankertrick kennst. Um die Situation nicht eskalieren zu lassen, wirfst du dem anderen natürlich nicht manipulatives Verhalten vor, sondern forderst ihn mit ruhiger Stimme auf, nun einen realistischen Preis zu nennen. Schnell wird der andere von seinem hohen ersten Anker Abstand nehmen, weil er durch dein Verhalten erkennen wird, dass du die echten Marktpreise kennst – und deswegen nicht auf irgendwelche überhöhten Zahlenanker hereinfällst. Allerdings solltest du, wenn du diese Strategie nutzen willst, recherchieren, damit du tatsächlich die Marktpreise kennst, vor allem dann, wenn du in einer neuen Branche unterwegs bist. Damit bist du auf der sicheren Seite – und auch das müde Lächeln fällt dir dann natürlich viel leichter.

Gegengift 4: Gegenbeweise in Betracht ziehen. Wenn du in diesem Buch so weit gekommen bist, wirst du wissen, dass man in einer Verhandlung, egal wie nett der andere zu uns ist, nicht auf seine Worte vertrauen kann – und schon gar nicht auf seine Zahlenanker. Die Wissenschaft hat eine Methode entwickelt, um bessere Entscheidungen zu treffen: Das sogenannte *consider the opposite* (auf Deutsch: Bedenke das Gegenteil), das sich auch wunderbar gegen das Ankern anwenden lässt. In einer Studie[107] hat man im ersten Versuch Probanden direkt dazu aufgefordert, nach Gegenbeweisen beziehungsweise gegensätzlichen Studien zu suchen – und diese Strategie half tatsächlich gegen Voreingenommenheit. Im zweiten Versuch hat man Probanden indirekt darauf hingewiesen, Gegenbeweise (sie sollten zu einem »fairen« und »ausbalancierten« Ergebnis kommen) zu finden – und auch das hat geholfen, weniger von Erstinformationen manipuliert zu werden.

Wenn dir also jemand eine Zahl auftischt, solltest du grundsätzlich annehmen, dass sie falsch ist, und anschließend nach Belegen dafür suchen. Erst wenn sich nach einer Recherche keine Beweise gegen die Zahl finden lassen, kannst du davon ausgehen, dass es sich nicht um einen Anker handelt, mit dem du manipuliert werden solltest.

Gegengift 5: Alternativen des Gegenübers bedenken. Deine Verhandlungsmacht wird größtenteils dadurch definiert, welche Alternativen du hast. Denn wenn du mehrere Alternativen zum vorgeschlagenen Deal hast, kannst du ein schlechtes Angebot einfach ausschlagen. Genau das gilt auch für deinen Verhandlungspartner: Hat er Alternativen, so ist seine Position stärker. Hat er keine, ist er auf einen Deal mit dir angewiesen. Natürlich könntest du ihn direkt danach fragen. In den meisten Fällen wird er darüber jedoch schweigen beziehungsweise dir ausgedachte Alternativen präsentieren. Doch unabhängig davon solltest du dir Gedanken über *seine* Alternativen machen. Es kann nämlich gut sein, dass dein Gegenüber sie überschätzt oder dass du etwas bieten kannst, was kaum ein anderer kann. Dass es sinnvoll ist, sich über die Alternativen des Gegenübers Gedanken zu machen, ist nicht nur plausibel, sondern wird auch durch eine Studie bestätigt:[108] Der Anker-Effekt verpuffte, wenn sich Probanden aktiv mit der Gegenposition beschäftigten.

Das Ankern durch Zahlen ist aber bei Weitem nicht alles, was ein satanischer Verhandlungskünstler des 21. Jahrhunderts draufhat. Er weiß auch, wie stark Emotionen dich beherrschen, und wird versuchen, dich zu Beginn des Gesprächs auch emotional zu ankern.

Neu im diabolischen Portfolio: Emotionales Ankern

Sogenannte »emotionale Anker« sind dir vielleicht aus dem Bereich des Neuro-Linguistischen Programmierens (NLP) bekannt. Es ist ein Weg, sich selbst zu »manipulieren«, um zufriedener und glücklicher zu sein. Der satanische Verhandlungskünstler kann diese Technik jedoch zweckentfremden und sie in einer Verhandlung gegen dich nutzen. Bevor ich auf das emotionale Ankern in Verhandlungen komme, möchte ich kurz das NLP-Konzept eines emotionalen Ankers erläutern. Dies ist die Basis für die anschließende diabolische Entfremdung.

NLP ist ein Sammelsurium von unterschiedliche Techniken, um psychische Abläufe im Menschen (zum Besseren) zu verändern. Entwickelt wurde NLP von Richard Bandler und John Grinder in den 1970er-Jahren. Sie wollten die Struktur subjektiver Erfahrungen verstehen und es Therapeuten möglich machen, ihre Patienten schneller und wirkungsvoller zu behandeln. Eine grundlegende NLP-Technik ist der sogenannte »emotionale Anker«, der eine Person befähigt, aus einem negativen emotionalen Zustand schnell in einen positiven Zustand zu kommen. Was relativ kompliziert klingt, kennt eigentlich jeder: Wenn wir beispielsweise einen bestimmten Song aus unserer Jugendzeit hören, dann katapultiert uns dieser Song in die Vergangenheit und die damit verknüpfte Gefühlswelt. Selbiges gilt natürlich auch für Fotos, Gerüche, Videos – im Grunde alles, was unsere Sinne anspricht. Als Anker kann also jeder von außen kommende Stimulus definiert werden, der sofort eine bestimmte emotionale Reaktion auslöst.

Gemäß der NLP-Theorie kann jeder Mensch ganz persönliche emotionale Anker legen und sich selbst therapieren. Alles, was dafür notwendig ist, sind drei Schritte:[109]

Erstens muss sich die Person klar darüber sein, welche Emotion sie anstrebt (selbstbewusst, witzig, energetisch etc.).

Zweitens muss die Person sich an einen bestimmten Zeitpunkt in der Vergangenheit erinnern, an dem sie sich in diesem Zustand befand.

Drittens muss die Person sich in diese vergangene Situation möglichst mit allen Sinnen hineinfühlen, um auch in der Gegenwart diese Emotionen spüren zu können. Je besser jemand das vergangene Gefühl in die Gegenwart bringen kann, desto mehr Wirkung kann der Anker im Hier und Jetzt entfalten.

Dabei müssen emotionale Anker aber nicht unbedingt positiv sein. So war es zwar von den Gründern von NLP intendiert, doch kann man mit Bildern, Geräuschen, Gerüchen und natürlich mit Worten auch negative emotionale Anker setzen. So untersuchte eine wissenschaftliche Arbeit[110] emotionale Anker in der Berichterstattung zum Thema Klimawandel und stellte fest, dass Medien mit Bildern beispielsweise von hilflosen Polarbären auf dünnem Eis bestimmte Emotionen wie Mitleid, Angst und Schuld hervorrufen und so einen negativen emotionalen Anker in den Zuschauern verfestigen. Ziel dieser Berichterstattung ist es, Menschen zu einem klimafreundlicheren Verhalten zu bewegen. Ähnlich agieren Hilfsorganisationen, die mit Bildern von ausgehungerten Kindern regelmäßig, insbesondere kurz vor Weihnachten, emotionale Anker setzen und uns durch negative Emotionen, hervorgerufen durch die schrecklichen Bilder, zum Spenden bewegen. Am Ende sind es, das weiß auch der satanische Verhandlungskünstler, die starken Emotionen, die uns zum Handeln bringen. Doch wie funktioniert nun das emotionale Ankern in Verhandlungssituationen?

Dazu ein schönes Beispiel des Verhandlungstrainers und ehemaligen FBI-Verhandlungsführers bei Geiselnahmen Chris Voss, der beschreibt, wie sein Sohn es schaffte, in einem Luxushotel ein kostenloses Upgrade zur Präsidentensuite zu bekommen.[111] Hier also der Wortlaut, mit dem sein Sohn den Rezeptionisten »überzeugt« hatte (die Anmerkungen in Klammern sind Erläuterungen von Chris Voss).

Fall 30: Das kostenlose Upgrade im Hotel

Sohn: »Ich bin gerade dabei, diesen Tag zum schwersten Tag zu machen, den Sie in diesem Hotel als Rezeptionist je erlebt haben!« [Jetzt stellt sich der Rezeptionist die schrecklichsten Dinge vor: einen abgeschnittenen Kopf in der Tasche, rituelle Opferung auf dem Hotelzimmer – denn im Hotel haben Mitarbeiter schon alles Mögliche erlebt.]

Rezeptionist: »Was erwartet mich jetzt?«

Sohn: »Ich bin mal wieder so ein egozentrischer Gast, der nach einem kostenlosen Zimmer-Upgrade fragen wird.« [Der Rezeptionist denkt sich jetzt: »Das war's? Mehr nicht?« … und fängt schnell an, im System nach einem Upgrade zu suchen.]

Rezeptionist: »Lassen Sie mich Ihnen diesen einen Raum geben, wo Sie ein eigenes Stockwerk für sich selbst haben – es ist unsere Präsidentensuite.«

Wenn du also weißt, dass der andere höchstwahrscheinlich negativ auf deinen Vorschlag reagieren wird, dann solltest du der Logik des emotionalen Ankerns zufolge *vor* deinem Vorschlag ein so schreckliches Bild im Kopf des anderen entstehen lassen, dass dein Vorschlag im Lichte dieses Bildes als eine riesige Erleichterung erscheint. Ein ähnlich schönes Beispiel für emotionales Ankern stammt aus dem Buch des uns bereits gut bekannten Robert Cialdini.[112]

Fall 31: Die manipulative Tochter im Brief an ihre Eltern

Seit ich aufs College gegangen bin, habe ich nicht mehr geschrieben, und es tut mir leid, dass ich so gedankenlos war. Ich werde euch jetzt auf den neuesten Stand bringen, aber bevor ihr weiterlest, setzt euch bitte. Den Schädelbruch und die Gehirnerschütterung, die ich bekam, als ich aus dem Fenster meines Zimmers sprang, als es kurz nach meiner Ankunft hier in Brand geriet,

sind jetzt ziemlich gut geheilt. Ich habe nur zwei Wochen im Krankenhaus verbracht, und jetzt kann ich fast normal sehen und bekomme nur einmal am Tag diese starken Kopfschmerzen. Glücklicherweise wurden das Feuer und mein Sprung von einem Bediensteten an der Tankstelle in der Nähe des Wohnheims beobachtet, und er war derjenige, der die Feuerwehr und den Krankenwagen rief. Er ist ein sehr guter Mann, und wir haben uns verliebt und planen zu heiraten. Wir haben noch kein genaues Datum, aber es wird sein, bevor sich meine Schwangerschaft zeigt. Ja, ich bin schwanger.
Jetzt, da ich euch auf den neuesten Stand gebracht habe, möchte ich euch sagen, dass es kein Feuer im Schlafsaal gab, ich keine Gehirnerschütterung und keinen Schädelbruch hatte. Ich war nicht im Krankenhaus, ich bin nicht schwanger, ich bin nicht verlobt, und es gibt keinen Freund. Ich bekomme jedoch ein »Ausreichend« im Fach Amerikanische Geschichte und ein »Mangelhaft« in Chemie, und ich möchte, dass ihr diese Noten in einer richtigen Perspektive betrachtet.

Zwar ist diese Story ein Extremfall für emotionales Ankern, doch sie bringt den Mechanismus genau auf den Punkt: Die Erwartungen und Emotionen des Gegenübers werden in eine ganz bestimmte Richtung gelenkt und dienen als Kulisse für die anschließende Anfrage des satanischen Verhandlungskünstlers.[113] Allein schon ein Einstieg in eine Verhandlung mit den Worten »Das wird Ihnen nicht gefallen …« setzt beim Gegenüber einen negativen emotionalen Anker, der ausgenutzt werden kann.

Doch natürlich kann der satanische Verhandlungskünstler auch mit positiven emotionalen Verhandlungsankern hantieren. Er kann die Verhandlung so positiv aufblasen, dass dem anderen bereits das Wasser im Mund zusammenläuft, noch bevor der eigentliche Deal vorgestellt wurde. Ich selbst war einmal inkognito auf einer zweitägigen Veranstaltung einer großen Versicherungsgesellschaft unterwegs, die ihren unerfahrenen Jünglingen Milch und Honig versprach. Es ist mittlerweile über zehn Jahre her – aber ich kann mich an die emotionale Ansprache noch ziemlich gut erinnern.

Fall 32: Ein Job, der alle Träume erfüllt

Herzlich Willkommen, liebe Teilnehmer! Dieser Tag ist der wichtigste Tag in eurem Leben. Diese Schulung verändert euch als Menschen. Mithilfe unserer Firma erfüllt ihr euch alle Träume. Ihr wart schlecht in der Schule? Das spielt bei uns keine Rolle! Ihr habt eure Ausbildung oder euer Studium abgebrochen? Uns egal! Ihr habt noch nicht die Ankerkennung, die ihr verdient habt? Genau die werdet ihr euch mit dem Erfolg in unserer Company holen!

Den wichtigsten Schritt seid ihr bereits gegangen – ihr seid hier. Alles, was ihr jetzt noch tun müsst, ist, euch eure Träume vorzustellen. Jetzt. Ist es ein Penthouse in einer Großstadt? Eine Jacht, mit der ihr im Mittelmeer segelt? Ein Häuschen irgendwo an der Küste? Ein Porsche? All das steht euch seit heute offen.

Wovon andere ihr ganzes Leben nur träumen, wird für euch bald Realität werden. Ihr werdet in ein paar Monaten hier bei uns mehr verdienen als eure Eltern zusammen. Ihr werdet in ein paar Jahren mehr verdienen, als ihr es euch heute vorstellen könnt. Vorkenntnisse braucht ihr keine. Ihr lernt alles von uns. Ein System, das sich seit Jahrzehnten bewährt hat. Wenn ihr das wie ein Schwamm aufsaugt, könnt ihr nicht anders, als den Erfolg zu wiederholen, den Tausende vor euch schon eingefahren haben. Freut euch auf die heutige Veranstaltung. Es wird großartig!

Mit diesen Worten übergab der Bezirksleiter des Versicherers das Wort an seinen Stellvertreter. Als ich mich im Raum umschaute, bemerkte ich bei allen den gleichen Gesichtsausdruck: Den jungen Anwärtern blieb nach dieser Rede die Spucke weg. Voller Erstaunen blickten sie nach vorne, schrieben alles eifrig mit – so, wie sie in der Schule und Ausbildung nie mitgeschrieben haben. Das emotionale Ankern hat gewirkt. Am zweiten Tag waren alle da, alle pünktlich, alle wie Bienen, die auf Honig gestoßen sind. Ohne das Konzept des emotionalen Ankerns damals zu kennen, wusste ich, dass hier etwas Besonderes mit den Teilnehmern passiert war.

An dieser Stelle könntest du dich vielleicht fragen, warum das emotionale Ankern so gut funktioniert. Meine Antwort ist klar: Emotionen sind die Sprache unseres Unterbewusstseins. Wer diese Sprache richtig anzapft, kann Menschen kontrollieren. Natürlich (und zum Glück) kann das bei Weitem nicht jeder. Doch die Macht der Worte – und natürlich auch der Bilder und Assoziationen – entfaltet ihre größte Wirkung durch das Andocken an die tiefsten Ängste und Hoffnungen der Menschen. Die Vernunft wird im Regen stehen gelassen – es regieren Instinkte und Gefühle. Mit der richtigen Dosis an Emotionen unterwegs, ist der satanische Verhandlungskünstler bei dieser Methode niemand anders als der Rattenfänger von Hameln. Und wir folgen ihm, wie von schwarzer Magie angezogen, kriechend hinterher.

Was ist das Gegengift zum emotionalen Ankern?

Wie kannst du dich gegen diese Art von emotionaler Beeinflussung in Verhandlungen wehren? Mit dem Thema Emotionsmanagement kann man ein ganzes Buch füllen. Doch möchte ich dir ein einziges Gegengift anbieten, das sogar für sich allein dich vor emotionalen Ankern zu schützen vermag. Ausgangspunkt dabei ist die Einsicht, dass Emotionen – stark negative wie stark positive – mit der Zeit verschwinden. So lässt etwa das wunderschöne Verliebtheitsgefühl nach, doch ebenso die Trauer über den Verlust eines nahen Menschen. Nach einiger Zeit kommt jeder von uns zurück auf ein für ihn normales Emotionslevel.

Diesen emotionalen Regress zur Mitte, also das langsame Abflachen der positiven und negativen Emotionen in uns, kannst du wie folgt in Verhandlungen für dich nutzen: Wenn du merkst, dass du innerhalb kurzer Zeit sehr emotional wirst, dann ist das ein großes Indiz dafür, dass dich ein unsichtbarer emotionaler Anker nach oben oder unten zieht. Alles, was du in einer solchen Situation machen musst, ist, schnell auf Abstand zu gehen und eine Verhandlungspause einzulegen. Je stärker deine Emotionen (positiv oder negativ ist dabei gleichgültig), desto größer sollte die Verhandlungspause sein. Manchmal reichen ein paar Stunden – manchmal können ein paar Tage nicht genug sein. Jedenfalls solltest du erst dann zum Verhandlungstisch zurückkehren, wenn deine Vernunft wieder regiert – und nicht dein Bauchgefühl. Du solltest dir am besten vor jeder Verhandlung eine standardisierte Ausrede für eine Vertagung überlegen, die du immer aus dem Hut ziehen kannst.

Wenn es um Liebe geht, so hat François de La Rochefoucauld recht, wenn er schreibt: »Abwesenheit vernichtet kleine Zuneigungen und entfacht große Leidenschaften, genau wie der Wind eine Kerze verlöschen lässt und der Sturm ein Feuer entfacht.«[114]

In der Liebe kann die Abwesenheit manchmal auch Emotionen entfachen. Doch in Verhandlungen geht es selten um Liebe. Abgesehen davon vernebelt die Liebe das Gehirn. In Verhandlungen führt die Abwesenheit in allen Fällen zu emotionaler Abkühlung, die eine Voraussetzung für eine kalte, berechnende und rationale Betrachtungsweise eines Deals ist. Daher mein Rat auf den Punkt gebracht: Wirst du emotional, dann lege eine großzügige Verhandlungspause ein!

VII. Die Pseudo-Harvard-Methode

Die Menschen sind nicht immer, was sie scheinen,
aber selten etwas Besseres.

Gotthold Ephraim Lessing

Was ist, wenn man die berühmteste Verhandlungsmethode der Welt nimmt und mit ihrer Abwandlung das bekommt, was man will? Bei dieser Frage wird jeder satanische Verhandlungskünstler gleich hellhörig. Und tatsächlich gibt es sie, die Methode aller Methoden, die weltweit in Seminaren und an Universitäten gelehrt wird: die sogenannte »Harvard-Methode«, von der du vielleicht schon gehört hast. Sie geht zurück auf die amerikanischen Rechtswissenschaftler Roger Fisher und William Ury von der Harvard University (daher der Name), die vor einigen Jahrzehnten den Welt-Bestseller *Getting to Yes* verfasst haben.[115] Diese Methode ist deswegen so unglaublich beliebt, weil sie als Ziel die berühmte Win-win-Lösung verspricht, bei der beide Seiten profitieren.

Für die satanische Abwandlung, die ich die »Pseudo-Harvard-Methode« nenne, ist es von Vorteil, wenn dein Gegenüber die Originalmethode kennt, doch wenn nicht, funktioniert sie trotzdem. Streng genommen gehört die Pseudo-Harvard-Methode nicht zu den kognitiven Verzerrungen, um die es in den bisherigen Kapiteln ging. Sie ist ein komplexes Täuschungsmanöver, und genau deswegen wird sie in der diabolischen Trickkiste eines satanischen Verhandlungskünstlers nicht fehlen. Genau deswegen möchte ich dich auch auf diese fiese Täuschung gut vorbereiten.

Die Grundaussage der Harvard-Methode lässt sich leicht zusammenfassen: Wenn man die vier Prinzipien befolgt, dann schafft man es, dass beide Seiten vom Deal profitieren. Der Clou: Unser satanischer Verhandlungskünstler kann seinem Geschäftspartner bloß vorgaukeln, dass er gemäß der Harvard-Methode verhandelt und das Beste für beide Seiten herausholen will. Dadurch wird er den anderen in falscher Sicherheit wiegen. Dieser fasst Vertrauen und gibt seine wahren Interessen preis, während unser Verhandlungskünstler eine vorbereitete Geschichte auftischt, die ihm bei der Durchsetzung seiner wahren (aber versteckten) egoistischen Interessen hilft. Schauen wir uns zunächst die vier Harvard-Prinzipien an – und wie der satanische Verhandlungskünstler sie (aus)nutzen wird.

Prinzip Nr. 1: Person und Sache voneinander trennen (und dessen satanische Adaption)

Die meisten Menschen vermischen die Sach- mit der Beziehungsebene und verhandeln auf beiden Ebenen gleichzeitig entweder hart oder weich. Wenn Menschen hart verhandeln, dann wollen sie das Gespräch dominieren und alle ihre Ziele durchboxen. Wenn mal die Emotionen hochkochen, dann fangen die harten Verhandler an, lauter zu werden. Für sie ist der Verhandlungspartner letztlich nur dazu da, um gemolken zu werden. Dagegen ist der weiche Verhandler jemand, der immer zuvorkommend und diplomatisch ist und der niemals seine Interessen über die des Gegenübers stellen würde. Lieber stimmt er einem schlechten Deal zu, als die Beziehung zum anderen zu gefährden. Als notorischer Ja-Sager ist er mit seinen Deals zwar unzufrieden, doch schafft er es einfach nicht, klare Kante zu zeigen und für seine eigenen Verhandlungsziele zu kämpfen.

Richtig wäre es jedoch, so Fisher und Ury, die Sach- und die Beziehungsebene klar voneinander zu trennen – und zwar mit folgender Maßgabe: *hart in der Sache, weich zur Person*. Das bedeutet, dass wir höflich und zuvorkommend auf der menschlichen Ebene sind und unserem Gegenüber immer mit Respekt und Empathie begegnen. Auf der sachlichen Ebene aber tun wir gleichzeitig alles, um unser eigenes Verhandlungsziel zu erreichen. Und wenn der Deal nicht gut genug ist, dann einfach nicht zustimmen: Lieber kein Deal als ein schlechter Deal. Auf der Beziehungsebene bedeutet »weich zur Person« konkret, dass man persönliche Attacken des Gegenübers ausblendet. Auch wenn es schwerfällt, sollte man sich auf die Fakten konzentrieren und – auch wenn man verbal angegriffen oder unhöflich behandelt wird – nicht auf die persönliche Ebene abdriften und mit Retourkutschen kommen. Der andere soll nicht als Gegner, sondern als Partner gesehen werden, mit dem man gemeinsam eine für beide Seiten faire Lösung aushandeln will.

Jetzt kommen wir zur satanischen Adaption dieses Harvard-Prinzips. Hart in der Sache ist der satanische Verhandlungskünstler ohnehin, weil er bei jedem Deal seine Ziele fest im Blick hat und sie zu hundert Prozent in der Verhandlung realisieren möchte. Doch bei »weich zur Person« muss er etwas nachhelfen. Es geht letztlich darum, Empathie und Verständnis vorzugaukeln, was ich als **Pseudo-Empathie** bezeichne. Das heißt, er wird aktiv zuhören, aber nicht weil er es möchte, sondern weil es sachdienlich ist und sympathisch wirkt. Er wird Verständnis zeigen, auch wenn er in Wirklichkeit gar kein Verständnis für die Situation des anderen hat. Er wird sich in den anderen hineinversetzen, doch nicht um ihn besser zu verstehen, sondern um ihm zu schmeicheln und schnell Vertrauen aufzubauen. Er wird nie kritisieren, unterbrechen oder seine Stimme erheben. Stets soll der andere das Gefühl haben, dass der satanische Verhandlungskünstler ihn wirklich versteht und mit ihm mitfühlt.

Letztlich bedeutet Pseudo-Empathie nichts anderes, als jemandem Freundschaft vorzugaukeln, wo in Wirklichkeit Desinteresse oder sogar Antipathie herrscht. Der andere wird vom satanischen Verhandlungskünstler ja immer als Ressource betrachtet, aus der es möglichst viel herauszuholen gilt. Auch wenn es in ihm innerlich brodelt, wird der satanische Verhandlungskünstler gute Miene zum bösen Spiel machen. Denn er weiß ganz genau: Wenn er hart in der Sache verhandelt und weich zur Person bleibt, sind seine Abschlusschancen viel günstiger. Dass er sich der Pseudo-Empathie bedient, ist natürlich moralisch verwerflich. Doch der satanische Verhandlungskünstler pfeift auf die Moral.

Übrigens ist an dieser Stelle ein Warnhinweis angebracht: Es ist äußerst schwer bis unmöglich, bei anderen festzustellen, ob sie uns empathisch oder nur pseudo-empathisch begegnen. Wir können ja nicht in die Seele des anderen blicken oder seine Gedanken lesen. Und auch die genaue Beobachtung seiner Körpersprache und Stimme hilft bei guten Schauspielern nicht weiter. Wie können wir uns dennoch gegen diese Pseudo-Empathie wehren? Der einzige Weg ist, dass wir auf die konkreten Vorschläge und Ergebnisse einer Verhandlung schauen. Du kannst zwar nicht sicher sein, ob dich der andere wirklich versteht und als Mensch mag, aber du kannst relativ sicher prüfen, ob das, was er dir vorschlägt, für dich objektiv vorteilhaft ist. Folglich: Egal, wie nett und zuvorkommend der andere dir erscheint, es ist immer das Beste, den Deal in der Sache auf Herz und Nieren zu prüfen. Die gelassene Analyse der Fakten kann nämlich völlig unabhängig von der sich gut anfühlenden Beziehungsebene stattfinden.

Prinzip Nr. 2: Die Interessen hinter den Positionen herausfinden (und dessen satanische Adaption)

Gemäß dem zweiten Harvard-Prinzip, so Fisher und Ury, gilt es, das Interesse des Verhandlungspartners hinter seiner Position herausfinden. Was ist nun der Unterschied zwischen Position und Interesse? Im Grunde ist es ganz einfach: Position ist das, *was* eine Partei offen kommuniziert beziehungsweise einfordert. Interesse dagegen ist, *warum* eine Partei diese Position vertritt – also die Motivation und Logik hinter einer bestimmten Forderung. Dieses (meist unausgesprochene) Interesse ist nach dem Harvard-Konzept der wichtigste Schlüssel zur Erreichung einer Win-win-Situation. Erst wenn beide Seiten genau wissen, warum sie etwas einfordern, ist es – so zumindest die Theorie – möglich, einen Deal so zu schmieden, dass er die Interessen beider Verhandlungspartner komplett befriedigt. Das ist auch durchaus logisch. Denn wenn beide Seiten nicht wissen, warum sie etwas möchten, dann können sie keine Win-win-Situation herstellen.

Als perfekte Veranschaulichung dieses zweiten Prinzips dient die bekannte Orangen-Story: Zwei Töchter streiten um eine Orange. Da die Mutter nur eine einzige Orange hat, teilt sie diese in der Mitte durch und gibt jeder Tochter eine Hälfte. Die eine möchte daraus Saft machen und entsorgt die Schale. Die andere wirft das Fruchtfleisch weg, weil sie für das Aroma eines Kuchens, den sie backen will, nur die Schale braucht. Beide Töchter haben hier nur die Hälfte von dem bekommen, was sie wollten. Dabei hätten sie, ohne der anderen zu schaden, hundert Prozent bekommen können. Weil aber die Mutter und die Töchter nur auf die Positionen geschaut haben (»Ich will die Orange«) und nicht auf das dahinterliegende Interesse (»… um sie zu essen« beziehungsweise »um damit einen Kuchen zu backen«), konnte es keine Win-win-Situation geben. Anders formuliert: Sprechen beide Seiten nicht offen über ihre Interessen, wird es höchstens einen faulen Kompromiss geben. Wenn wir aber die wahren Interessen des anderen kennen, können und sollen wir auch Vorschläge machen, die für ihn gewinnbringend sind. Umgekehrt wird der andere, wenn er die Harvard-Methode anwendet, für uns dasselbe tun.

Der Weg, um das hinter der Position liegende Interesse zu finden, sind gute Fragen. Schlechte Verhandler werden keine oder nur wenige Fragen stellen – gute Verhandler dagegen sich viele offene Fragen überlegen, mit denen sie die Denkwelt des anderen erschließen können. Vor allem geht es beim Fragenstellen darum, das Grundbedürfnis deines Gegenübers herauszufinden. Wenn du dieses Grundbedürfnis befriedigen kannst, so Fisher und Ury,[116] dann erhöht sich nicht nur die Wahrscheinlichkeit für einen Abschluss, sondern auch dafür, dass sich die andere Seite an die Vereinbarung hält. Zu den Grundbedürfnissen zählen sie vor allem: Sicherheit, Profit, Zugehörigkeit, Anerkennung und Kontrolle. Natürlich erfordert das Ergründen der Interessen Zeit und Geduld. Doch Wünsche können, so die Logik, nur befriedigt werden, wenn man sie kennt. Da wir unseren Verhandlungspartner als wohlwollenden Partner betrachten, sollten wir mit ihm offen auch unsere Interessen und Grundbedürfnisse teilen.

Jetzt kommen wir zur satanischen Adaption dieses zweiten Prinzips. Während der satanische Verhandlungskünstler beim ersten Harvard-Prinzip mit Pseudo-Empathie arbeitet, setzt er beim zweiten Prinzip das ein, was ich **Pseudo-Interesse** nenne. Es geht darum, sich eine Motivation für einen Deal zu überlegen, die nicht den eigenen, echten Interessen entspringt, sondern lediglich in den Ohren des Verhandlungspartners gut klingt. Der satanische Verhandlungskünstler will also ehrlich und offen erscheinen, seine Story ist aber nur ausgedacht. Schlau, wie er ist, wird er sogar die originale Formulierung von Fisher und Ury verwenden, um seinem Gegenüber scheinbare Offenheit zu suggerieren:

Schau, wir sind beide Anwälte [Diplomaten, Geschäftsmänner, Familie etc.]. Wenn wir nicht beide versuchen, deine Interessen zu befriedigen, werden wir beide kaum eine Vereinbarung treffen, die meine Interessen befriedigt – und umgekehrt.[117]

Die Harvard-Methode funktioniert nach dem bereits oben beschriebenen Reziprozitätsprinzip: Der andere soll meinen Wünschen zur Geltung verhelfen, damit ich seinen Wünschen zur Geltung verhelfe. Am Ende entsteht so die begehrte Win-win-Situation. Schauen wir uns jetzt einen Fall an, bei dem dieses Prinzip in der Praxis satanisch verdreht wird.

Fall 33: Das begehrte Interview mit dem Guru

Der junge YouTuber Jannis träumt schon lange davon, mit seinem Guru gegenseitig ein Interview zu führen und von seiner riesigen Reichweite von zehn Millionen Abonnenten zu profitieren. Selbst hat er knapp tausend Abonnenten. An einem Freitagnachmittag schafft er es zufällig, ihn am Telefon zu erwischen. Voller Selbstbewusstsein sagt er zu seinem Guru, was er zuvor genau einstudiert hat: »Schau, wir sind beide YouTuber und wollen das Beste für unsere Community. Lass uns doch eine Win-win-Situation schaffen: Du trittst auf meinem YouTube-Kanal auf und erreichst so zusätzlich meine tausend Leute – und ich werde auf deinem Kanal über ein Waisenhaus in meiner Kleinstadt erzählen, damit deine große Community dort helfen kann. Es geht hier gar nicht um mich, sondern um die Kinder dort, die etwas Unterstützung brauchen. Du musst nichts machen, sondern deine Plattform und das Interview wären Hilfe genug! Bin sicher, dass von deinen Followern so einige spenden werden.« Das große Herz des großen Gurus ist erweicht. Er möchte auch etwas Gutes für das Waisenhaus tun. Obwohl sein Gesprächspartner ihm, was die Reichweite angeht, nicht das Wasser reichen kann, geht er auf den moralischen Vorschlag von Jannis gerne ein. In Wirklichkeit wird unser Jannis aber im Interview auf dem YouTube-Kanal des Gurus nebenbei erwähnen, dass er als Netzwerk-Marketer neue Leute sucht, die sich bei ihm melden sollen. Diese Neben-Information besteht nur aus zwei Sätzen, während er die ganze Zeit tatsächlich über das Waisenhaus spricht. Doch diese zwei Sätze reichen aus, dass sich danach viele Leute aus der Community des Gurus bei ihm melden. Jannis hat sein Ziel erreicht.

Was bei dieser Geschichte auffällt: Jannis hat mit einem Pseudo-Interesse argumentiert. Ihm ging es von Anfang an nicht um das Waisenhaus, sondern um neue Leute für sein Netzwerk-Marketing. Hätte er das gemäß der Harvard-Methode offen kommuniziert, hätte ihn der Guru nie zu sich auf den YouTube-Kanal eingeladen. Doch durch das vorgegaukelte Interesse, nur dem Waisenhaus helfen zu wollen, hat der Guru zugestimmt. Das Pseudo-Interesse hat also Wunder gewirkt. Und nach außen sieht es so aus, als hätte unser Jannis moralisch gehandelt. Dabei kann man tatsächlich von einem Win-win sprechen, allerdings gehen beide Gewinne auf das Konto von Jannis: Er wird als guter Mensch wahrgenommen, und gleichzeitig gewinnt er neue Mitarbeiter für sein Netzwerk-Marketing. So war die Win-win-Situation von Fisher und Ury natürlich nicht gemeint. Doch die Pseudo-Harvard-Methode hat gewirkt.

Prinzip Nr. 3: Win-win-Optionen finden (und dessen satanische Adaption)

Nachdem wir die Interessen der anderen Partei kennen und sie auch unsere kennt, geht es nach der Harvard-Methode nun darum, konkrete Handlungsoptionen zu brainstormen. Nach Fisher und Ury sollen Ideenfindung und Ideenbewertung strikt voneinander getrennt werden. So sollten zunächst möglichst viele Optionen beziehungsweise Lösungsvorschläge gefunden werden, bevor Kritik an diesen geübt wird – ähnlich wie beim klassischen Brainstorming. Dadurch werden nicht vorschnell Alternativen ausgeschlossen, die unter Umständen Win-win-Lösungen für beide Parteien bieten würden. Beide Seiten sollen möglichst kreativ sein und mehrere Optionen finden. Denn je größer die Auswahl, desto wahrscheinlicher, dass eine der Optionen beiden Verhandlungspartnern gefällt. In ihrem Buch formulieren die beiden Autoren einen ganz besonderen Satz, bei dem der satanische Verhandlungskünstler wieder hellhörig wird:

Ein effektiver Weg, um Optionen zu erarbeiten, die die andere Seite leicht akzeptieren kann, ist es, sie so zu formulieren, dass sie legitim erscheinen. Die andere Seite wird viel wahrscheinlicher eine Lösung akzeptieren, bei der sie das Gefühl hat, das Richtige zu tun – richtig im Sinne von fair, rechtmäßig, ehrenvoll und so weiter. [118]

Kommen wir nun zur satanischen Adaption dieses dritten Harvard-Prinzips. Im obigen Verhandlungsbeispiel hat Jannis es professionell gemacht: Er hat den Deal so formuliert, dass der Guru als ehrenvoller Unterstützer des Waisenhauses erscheint. Mit diesem Framing war es für den Guru sehr einfach, dem Interview zuzustimmen. Zudem hat Jannis schlauerweise betont, dass das Interview an sich »Hilfe genug« wäre. Der Guru muss nicht etwa selbst etwas spenden oder seine Community dazu aufrufen. Je einfacher die Umsetzung für den anderen (idealerweise muss er nichts tun), desto wahrscheinlicher, dass einer Option zugestimmt wird. Natürlich half Jannis durch das Interview, wie oben beschrieben, vor allem sich selbst. Daher können wir hier nicht von einer echten Win-win-Option sprechen, sondern nur von einer **Pseudo-Win-win-Option**.

Das Gegengift für die Pseudo-Win-win-Optionen ist es, kritisch zu hinterfragen, wie viel der andere von einem Deal wirklich profitiert und wie viel man selbst im Vergleich dazu bekommt. Ähnlich lautet auch der Hauptvorwurf gegen die Harvard-Methode: Sie würde zwar zunächst den Kuchen (die Verhandlungsmasse) vergrößern, doch am Ende des Tages würden clevere Verhandler versuchen, das größere Stück des vergrößerten Kuchens sich selbst einzuverleiben.[119] Die Harvard-Methode könnte also dazu missbraucht werden, zuerst kooperativ den Deal zu vergrößern, nur um anschließend ganz egoistisch die meisten Vorteile daraus für sich zu beanspruchen.

Was in jedem Fall hilft: Mache am besten eine einfache Tabelle und notiere dort, in welchem Maße du selbst vom besprochenen Deal profitierst im Vergleich zu dem, was der andere bekommt. Gibt es hier ein (starkes) Ungleichgewicht, ist das ein deutliches Indiz dafür, dass dir jemand eine Pseudo-Win-win-Option aufgetischt hat.

Prinzip Nr. 4: Objektive Kriterien nutzen (und dessen satanische Adaption)

Sollten die Positionen beider Seiten dennoch verhärtet bleiben, zum Beispiel weil sie sich nicht auf einen Kaufpreis einigen können, werden objektive Beurteilungskriterien zu einer Einigung verhelfen. Die Kriterien sind dann objektiv, wenn sie dem Beweis zugänglich sind. Nach der Harvard-Methode können als objektive Kriterien folgende Aspekte dienen: Marktpreis, technische Standards, Gerichtsurteile, wissenschaftliche Erkenntnisse und ähnliche Dinge, die keine subjektiven Meinungen darstellen, sondern nachprüfbare Fakten sind.[120] Nach Vorgabe der beiden Autoren der Harvard-Methode sollten die gewählten objektiven Kriterien dann für beide Seiten ein faires Ergebnis garantieren.

Kommen wir nun zur satanischen Adaption dieses letzten Harvard-Prinzips. Der satanische Verhandlungskünstler wird hier etwas nutzen, was ich **pseudo-objektive Kriterien** nenne. Es geht zwar darum, Fakten auf den Tisch zu legen, die dem Beweis zugänglich sind. Doch sind diese Fakten beim satanischen Verhandlungskünstler nur halbe Wahrheiten.

Beispiel Gerichtsurteil: Es lässt sich für nahezu jede Ansicht ein Gerichtsurteil finden – und wenn schon nicht direkt vom Bundesgerichtshof oder Bundesverfassungsgericht, dann wenigstens von einem Landgericht oder einem Oberlandesgericht. Zwar sind diese Urteile dann objektive Kriterien im Sinne der Harvard-Methode, weil sie ja nachlesbar sind. Doch gibt es natürlich auch entgegenstehende Gerichtsurteile. Zudem sind Urteile immer zu einem ganz konkreten Einzelfall gefällt worden, der auf eine zur Rede stehende Verhandlungssituation selten genau passt. Anwälte wissen das. Sie suchen natürlich den für sie passenden Präzedenzfall aus und argumentieren damit dann vor Gericht. Wer den Präzedenzfall-Trick aber nicht kennt, wird von einem öffentlichen Urteil schwer beeindruckt sein.

Selbiges gilt für alle anderen »objektiven« Kriterien auch. Zum Beispiel der Marktpreis: Welchen Markt nimmt man als Referenz, national versus international? Welche Zeitspanne – aktueller Preis, Durchschnittspreis der letzten sechs Monate oder der letzten zehn Jahre?

Wie du siehst, kann man die Realität so darstellen, dass sie für die eine oder andere Seite günstiger erscheint. Alles hängt hier wiederum vom genutzten Framing ab (siehe dazu Kapitel 3). Entsprechend den obigen Ausführungen ist das wichtigste Gegengift natürlich die Betrachtung des gesamten Bildes. Wenn dir jemand einen Teilaspekt der Realität verkaufen möchte, dann überlege genau, ob dieser vorgestellte Rahmen die Realität wirklich gut abbildet oder sie stark in eine bestimmte Richtung verzerrt.

Der schnellste Weg, die Pseudo-Harvard-Methode zu erkennen

Zusammenfassend zur Pseudo-Harvard-Methode möchte ich dir mit auf den Weg geben, dass du immer dann besonders skeptisch sein solltest, wenn dein Verhandlungspartner sagt: »Hey, ich möchte heute eine Win-win-Situation für uns herstellen – einen fairen Deal, bei dem wir beide profitieren!« Bei diesem Satz sollten in Zukunft die Alarmglocken bei dir klingeln, da hier die Wahrscheinlichkeit groß ist, dass jemand als besonders fair erscheinen möchte.

Jemand, der wirklich fair ist, muss das nicht vorher ankündigen. Mit der Pseudo-Harvard-Methode möchte der satanische Verhandlungskünstler, dass du dich entspannst und deine Rüstung fallen lässt. Doch jetzt weißt du, dass Pseudo-Empathie, Pseudo-Interesse, Pseudo-Win-win-Optionen und pseudo-objektive Kriterien diabolische Mittelchen sind, um den netten Schein des fairen Verhandlungspartners zu wahren. Doch diese Mittel zu kennen ist der entscheidende Schritt, um nicht auf sie hereinzufallen.

Jetzt kennst du die wichtigsten Psycho-Tricks des satanischen Verhandlungskünstlers. Der Wolf im Schafspelz hat aber noch mehr drauf! Das 20. Jahrhundert hat ebenfalls extrem fiese kommunikative Verhandlungstricks auf Lager. Es wird jetzt Zeit, die bösartigsten von ihnen kennenzulernen!

Satanische Tricks
des 20. Jahrhunderts

Das rationale Denken ausschalten

Vorwort

Als ich vor etwa 30 Jahren die Erstfassung der *Satanischen Verhandlungskunst* schrieb, gab es die modernen Kommunikationstechniken, wie zum Beispiel Internet, Facebook, WhatsApp, Twitter, Instagram, noch nicht. Die technische Verbindung mit anderen Menschen beschränkte sich auf das Telefon. Heute bestimmen die sozialen und technischen Medien die Formen und die Art unserer Kommunikation. Und so ist es nicht verwunderlich, dass sich mit der Veränderung der technischen Kommunikationsmöglichkeiten auch die verbale Kommunikation veränderte.

Ich habe vor Beginn der Arbeit an diesem Buch viele Geschäftsführer, Inhaber, Vorstände, Verkaufs- und Marketingleiter, aber auch ehemalige Außendienstmitarbeiter und Verkäufer befragt, welche Veränderungen sie im Laufe der Zeit festgestellt haben und – das stand im Mittelpunkt – welchen Methoden sie am häufigsten begegnet sind, beziehungsweise welche ihnen die meisten Probleme bereiteten.

Die Ergebnisse waren eindeutig: Verändert haben sich vor allem die technischen Methoden und Mittel – nicht aber die Motive und Absichten. Einhellig war die Meinung, dass man sich im Laufe des Arbeitslebens eine gehörige Portion Erfahrung zugelegt hat, sodass man nicht so einfach über den Tisch gezogen werden konnte. Häufig wurden Psycho-Spielchen genannt, denen man jedoch ganz gut begegnen konnte. Etwas anders dagegen sei es mit den hinterhältigen Fragen, den »Fangfragen«, gewesen. Hier ließ sich nicht immer so leicht feststellen, was ein unfairer Verhandler herausfinden wollte.

Ich habe darum alle genannten Fragen und Beispiele gesammelt, mit eigenen Erfahrungen ergänzt und diese dann in den Mittelpunkt der satanischen Methoden des vorigen Jahrhunderts gestellt.

I. Einleitung

Vor einiger Zeit traf ich in einer Münchner Buchhandlung eine Bekannte. Wir kamen schnell ins Gespräch darüber, welche Bücher wir suchten.

Sie sagte: »Mein Mann und ich fahren vier Wochen in Urlaub. Das ist eine lange Zeit, und ich nehme mir ausreichend Lesestoff mit, Belletristik und Sachbücher.«

Auf meine Frage, was ihr Mann denn bevorzuge, antwortete sie: »Mein Mann ist vor Kurzem zum Leiter der Einkaufsabteilung ernannt worden, nun ist er ständig in Verhandlungen. Um fit zu werden, hat er bereits einige Seminare besucht, kam aber stets mit ambivalenten Gefühlen zurück – und mit viel Papier. Doch geändert hat sich für ihn quasi nichts. Da in diesen externen Seminaren Frauen und Männer aus unterschiedlichen Branchen, mit unterschiedlichen Kompetenzen sowie Erfahrungen sitzen und jeder Trainer sich bemüht, allen Teilnehmern gerecht zu werden, bleibt es bei übergeordneten Themen, Analysen und Ergebnissen. Die mögen zwar alle gut erklärt und richtig sein, aber sie passen selten zum eigenen Arbeitsalltag. Doch sein Chef erwartet ein stets erfolgreiches Verhandlungsergebnis und damit natürlich auch ein besseres Betriebsergebnis.«

Und jetzt?«, fragte ich.

»Jetzt suche ich ein passendes Buch über faires Verhandeln im Allgemeinen und über das unfaire Verhandeln im Speziellen, vor allem, wie man sich erfolgreich gegen diejenigen Zeitgenossen wehren kann, die, wie mein Mann es formulierte, dich anlächeln, stets das Beste versprechen, aber hinterrücks schon das Messer gezückt haben.«

»Da werden Sie viele Bücher finden«, erwiderte ich.

»Und genau das ist das Problem. Das Angebot ist nahezu unüberschaubar. Ich suche eine Art Lehrbuch, in dem komplizierte

Zusammenhänge, gleich ob technischer, rhetorisch-emotionaler oder psychologischer Art, einfach und verständlich erklärt werden. Mein Mann spricht da von einem ›rhetorischen Handwerkskasten‹ mit wenigen, aber vielseitigen Werkzeugen, die quasi immer griffbereit und in nahezu jeder Verhandlung anwendbar sind.«

»Was halten Sie von einem satanischen Handwerkskasten?« fragte ich.

»Wenn es doch nur ein Buch über satanische Verhandlungskunst gäbe!«, erwiderte sie.

»Wenn Sie noch etwas weitersuchen, wird dieses Buch zu finden sein.« Zum Abschied lächelte ich sie freundlich an und wusste, welches Buch sie sich heute noch zulegen würde …

Diese Begegnung fand statt im Herbst 2019. Zu diesem Zeitpunkt hatte ich genau 40 Jahre Erfahrung als Trainer und Berater »auf dem Buckel«. Und natürlich erinnere ich mich noch an die – nicht selten – holprigen Anfänge. Das Seminarwesen steckte Anfang der 1980er-Jahre noch in sehr wackeligen, unprofessionellen Schuhen. Ich veröffentlichte neben meiner Beratertätigkeit auch einige Bücher zum Thema Verkaufen, Verkaufsrhetorik und Schlagfertigkeit, wie beispielsweise *SuperSelling* und *Dialektische Rabulistik*. 1993 erschien mein bekanntestes Werk *Satanische Verhandlungskunst – und wie man sich dagegen wehrt!*

Vom Verkaufstrainer zum »satanischen Verhandlungskünstler« – was war der Grund für den Wechsel in diese Verhandlungsrichtung? Es gab ja auf dem Buchmarkt bereits unzählige Bücher über das Verkaufen und Verhandeln – wie und wodurch konnte ich mich also unterscheiden?

Der entscheidende Hinweis kam aus der Praxis selbst. Überall propagierte man das »Win-win-Verhandeln«. Das Buch von Roger Fisher und William Ury über sachgerechtes und erfolgreiches Verhandeln war hierzu ein Standardwerk. Es geht davon aus, dass beide Verhandlungspartner »gewinnen« wollen. Das sei jedoch in vielen Branchen fataler Quatsch, sagten mir einige Unternehmer: »Jeder will der Sieger sein in einer Verhandlung. Stellen Sie sich nur mal vor, Sie kommen als Mitarbeiter von einer Verhandlung zurück, Ihr Boss fragt Sie, wie es für das Unternehmen gelaufen sei, und Sie antworten: ›Damit wir beide Gewinner sind, musste ich in einigen Punkten nachgeben …!‹ Und ob wir Folgeaufträge bekommen, würde der Chef natürlich fragen. Und Sie müssten antworten: ›Ich glaube schon, man hat es uns zwar nicht direkt versprochen. Aber die Atmosphäre war freundlich und herzlich …!‹«

Viele solcher und ähnlicher Einschätzungen brachten mich auf die Idee, die *Satanische Verhandlungskunst* zu schreiben. Dazu waren umfangreiche Recherchen erforderlich, aber ich konnte auch von meinem großen Fundus profitieren. Es ging um unfaire, teuflische Techniken. Nicht um das faire Miteinander, genauer: nicht um das Gewinnen, sondern um das Siegen um jeden Preis – ganz gleich, wer oder was dabei auf der Strecke bleibt. Meine Definition lautete damals: *Satanische Verhandlungskunst heißt, den Gegner so über den Tisch zu ziehen, dass er die Reibungshitze noch als Nestwärme empfindet!*

Grundsätzlich aber bleiben bei der satanischen Verhandlungskunst drei Mittel ausgeschlossen:

1. Der direkte, offene Betrug
2. Die persönliche Beleidigung
3. Die Anwendung von Gewalt

Darüber hinaus gibt es eine Vielzahl von Methoden, die geeignet sind, den anderen zu übervorteilen, zu schädigen, also hinters Licht zu führen.

Meine Beobachtungen aus 30-jähriger Praxis sowie eigene Erfahrungen haben zudem ergeben, dass es »Favoriten« des unfairen Verhandelns gibt, die ständig wiederkehren und offenbar weder ihre Gültigkeit noch ihre Wirksamkeit verlieren. Einige andere, die ebenfalls in der Erstausgabe beschrieben wurden, erlangten nicht immer die Bedeutung der »Klassiker«. Meist sind dies Methoden, die in speziellen Verhandlungen (z. B. in der Großindustrie) eingesetzt werden.

Doch ich wollte nicht der »Verhandlungs-Bösewicht der Nation« sein. Deswegen entwickelte ich mit gleicher Akribie Abwehrmethoden, um den unfairen Verhandlern erfolgreich Paroli zu bieten. Daher lautete auch der Untertitel der *Satanischen Verhandlungskunst:* »und wie man sich dagegen wehrt!«

Die Behauptung, dass es nur wenige Verhandler gibt, welche die satanische Verhandlungskunst beherrschen, ist sicher nicht falsch. Die Erfahrung zeigt, dass viele es wollen, aber schlicht nicht können. Der Grund dafür ist relativ einfach: Dass die eigenen Emotionen nur sehr schwer zu beherrschen sind, hindert die meisten Menschen daran, ein Konzept durchzuhalten – es sei denn, diese Menschen sind von Natur aus unfair in ihrem Denken und Handeln.

Um zu verstehen, welche Rolle unsere Emotionen dabei spielen, muss man sich zunächst die Tatsache klarmachen, dass wir nur 20 Prozent aller Informationen mit dem Verstand aufnehmen, jedoch 80 Prozent quasi »über den Bauch« registrieren.

Das entspricht mit Sicherheit der Erfahrung der meisten Menschen. Urteile wie: »Wenn ich die schon sehe …!«, »Wie redet der denn mit mir …?«, »Genau so ein Typ von denen, die ich nicht leiden kann!« oder »Typisch Ausländer!« usw.

Wenn sich nun der oder die Betroffene auch noch »vorurteilskonform« verhält, ist die vorprogrammierte Typen-Schublade schnell gefüllt. Sich selbst einzugestehen, dass man von Vorurteilen geleitet wurde, ist für die meisten Mitmenschen nicht so ohne Weiteres möglich (»... wie der sich benommen hat, also … mit dem bin ich fertig …!«). Vereinfacht: Es geht um Sympathie oder Antipathie. Natürlich kennen wir alle auch die andere Seite eines Vorurteils: »Donnerwetter, den habe ich falsch eingeschätzt. Ich komme mit dem jetzt gut zurecht!«

Hier nähert man sich dem Kern der unfairen Verhandlungskunst. Dass die drei Methoden (Betrug, Beleidigung, Gewalt) keineswegs zulässig sind, wurde bereits erwähnt. Sie sind nicht nur plump, sondern auch strafwürdig. Und es gibt Besseres, Intelligenteres, um seine Gegner zu manipulieren. Ein satanischer Verhandlungskünstler ist ein Rabulist, ein spitzfindiger Wortverdreher – und kein »Rambo-list«. Er lächelt und zeigt die Zähne, gemäß dem bekannten Motto: Lächeln ist die charmanteste Art, die Zähne zu zeigen! Ein Rabulist hat nur dann den beabsichtigten Erfolg, wenn er seine Emotionen beherrschen kann – auch und gerade, wenn er provoziert wird.

Das Wichtigste für einen satanischen Verhandler: **Er muss das klare, rationale Denken bei seinem Gegner ausschalten!** Das gelingt dadurch, dass er Angriffe auf der Beziehungsebene startet, und zwar so gezielt, dass – nach genauer Kenntnis der Schwachstellen seines Gegners – dieser nur noch emotional reagiert. Die Emotionen müssen die Ratio überdecken, quasi ausschalten. Das ist Dreh- und Angelpunkt satanischer Verhandlungskunst!

II. Das unbedingte Konzeptdenken

Ein satanischer Verhandler überlässt nichts dem Zufall. Er bereitet sich akribisch vor und wählt einen Kranz unterschiedlicher Methoden in einer klaren Strategie aus, um sein genau definiertes Ziel zu erreichen. Er ist nicht **methodenorientiert,** sondern **zielorientiert!**

Verhandlungskonzept

→ **Ziel**	• **Was** soll erreicht werden?
→ **Strategie**	• **Wie** soll das erreicht werden?
→ **Taktik (Maßnahmen)**	• Mit **welchen** Mitteln kann das erreicht werden?

Ein wasserdichtes Verhandlungskonzept, das aus diesen drei Teilen besteht, ist die Voraussetzung für erfolgreiche – faire wie unfaire – Verhandlungen. Im Gegensatz zum fairen Verhandler will der satanische Verhandlungskünstler jedoch nicht **gewinnen** (keine »Win-win-Situation« erzielen), er will **siegen!**

Ziel

Bei diesem dreiteiligen Konzept (Ziel, Strategie, Taktik) darf jedoch keine Stufe übersprungen werden. Wie fatal das sein kann, zeigt das folgende Beispiel:

Ein Handwerksmeister aus Hintertupfingen kam zu dem Entschluss, mal »so richtig Werbung zu machen« – und er wollte nicht kleckern, sondern klotzen! Er fragte bei einer überregionalen Zeitung an, was denn eine halbe Seite koste. Antwort:

25 000 €! Oh nee, das wollte er ja verdienen, nicht ausgeben. Auch eine regionale Zeitung war ihm zu teuer. Und so landete er bei der Redaktion eines kostenlosen Werbeblättchens. Dort platzierte er, neben 20 anderen Inseraten und just neben einer Sex-Anzeige, sein Firmenlogo nebst Angebot. 200 € hat ihn das gekostet. Von einem Essen in einem guten Restaurant hätte er mehr gehabt …!

Was hat der gute Mann falsch gemacht? Er hat alle Stufen übersprungen und gleich mit der Taktik – den Maßnahmen – begonnen. Wichtig wäre aber zunächst die Zieldefinition gewesen: »Was will ich erreichen?«, »Was ist mein Ziel?«, »Welche Teilziele sind wichtig und möglich?«

Nach der Ausformulierung dieser (Teil-)Ziele hätte er die Strategie-Frage beantworten müssen: »Wie kann ich das erreichen?« Also beispielsweise regionale oder überregionale Werbung, Spots in TV, Rundfunk usw.

Erst wenn diese Fragen geklärt sind, kann er sich Maßnahmen überlegen, wie zum Beispiel Werbezettel, Briefe usw.

Die Strategie kann man auch als Treppe sehen, die zwei Geschosse überwindet, und die Taktik (Maßnahmen) sind die einzelnen Stufen.

Strategien

Strategien haben die Aufgabe und den Zweck, den Weg festzulegen, auf dem das angestrebte Ziel erreichbar ist. Es ist ein genauer Plan des eigenen Vorgehens, indem man diejenigen Faktoren, die in die eigene Aktion hineinspielen können, von vornherein einkalkuliert – der gesamte Weg zum Ziel wird also »vorgedacht«. Damit wird deutlich, dass die richtige Strategie das Kernstück in der satanischen Verhandlung ist. Welche Strategie nun »richtig« ist, ist abhängig von dem Verhandlungsgegenstand, den beteiligten Personen und der Situation.

Strategie ist nicht zu verwechseln mit Taktik. Die Taktik kann im einfachen Fall beschrieben werden als die Maßnahmen, mit denen man die Strategie umzusetzen sucht. Ein guter Taktiker muss darum noch lange kein guter Stratege sein – und umgekehrt. Erst wenn die richtigen Taktiken im Rahmen einer richtigen Strategie eingesetzt werden, kann ein Ziel wie geplant erreicht werden. So ist es erklärbar, dass man ohne Weiteres mit der richtigen Strategie in eine Verhandlung geht, in der Verhandlung aber dennoch verliert, weil man die falschen Taktiken anwendet.

Aber es ist auch nicht möglich, nur taktisch vorzugehen, also keine Strategie zu haben – obwohl gerade das der wohl häufigste Fall ist. Oftmals verliert man durch das Taktieren nämlich das eigentliche Ziel aus den Augen, insbesondere dann, wenn die Gegenseite so auf die eigenen Taktiken reagiert, dass diese ihre Wirkung verlieren.

Strategie des unberechenbar negativen Verhaltens

Mit dieser Strategie geht es darum, dass generell eine klare Einschätzung des satanischen Verhandlers verhindert werden soll. Hier mischen sich im Grunde Taktiken und Tricks – vorrangig zu dem Zweck, den Gegner zu demoralisieren und zu verunsichern. Er soll durch diese Strategie Verhandlungsfehler machen, die sich im Wesentlichen darauf gründen, dass der Gegner vorwiegend auf der emotionalen Beziehungsebene angegriffen wird. Die Voraussetzungen dazu sind Kaltschnäuzigkeit, Gewissenlosigkeit, Schamlosigkeit und eine gekonnte Portion Schauspielkunst. Die Umsetzung der taktischen Maßnahme wird konkret durchgeführt mit dem gezielten Einsatz des »teuflischen Instrumentariums«.

Strategie des scheinbar positiven/neutralen Verhaltens

Ausgebuffte satanische Verwandlungskünstler schwören auf diese Strategie, weil – im Gegensatz zu »unberechenbar negativem Verhalten« – die wahren Absichten (vorerst) vernebelt werden. Hinzu kommt, dass sich insbesondere Manager in den oberen Etagen nicht gerne ein unberechenbares negatives Verhalten mit den dazugehörigen Taktiken leisten können und wollen. Hier wird oftmals eine elegante Strategie bevorzugt, bei welcher der Verhandler versucht, scheinbar sachlich zu sein oder eine Richterrolle einzunehmen beziehungsweise als Moderator zu fungieren. Das bedeutet für die Taktiken, dass diese weniger von Vordergründigkeit und – wie auch immer gearteter – Aggression bestimmt, sondern vielmehr von Geist und klugem Denkvermögen geprägt sind. Das heißt aber keinesfalls, dass die Grundabsicht der Verhandlungsstrategie von Entgegenkommen, Offenheit oder gar Fairness gekennzeichnet wäre. Im Gegenteil. Es sind nur die Methoden und die Art und Weise, worin sich dieses Verhalten von anderen unterscheidet – es ist nicht das Ziel. Für einen satanischen Verhandlungskünstler heißt das Ziel auch und gerade hier: gewinnen und siegen um jeden Preis. Er setzt dazu die offensichtlich positiven rhetorischen und nonverbalen Elemente ein – allerdings fast ausschließlich zur Täuschung seines Gegners (siehe Seite 191 ff. und 233). Übrigens: Einen Schönheitspreis will der satanische Verhandlungskünstler nicht gewinnen ...!

Taktiken (Maßnahmen)

Ist das Ziel festgelegt und die Frage geklärt, mit welcher Strategie es erreicht werden soll, können die Maßnahmen zur Umsetzung überlegt werden. Die folgenden Taktiken, die von den beiden beschriebenen, grundsätzlich unfair eingesetzten Verhaltensstrategien ausgehen, haben sich als wiederkehrende beliebte Maßnahmen herauskristallisiert:

Unwahrheiten und Gerüchte

Es gibt Zeitgenossen, die behaupten ernsthaft: Würde von allen Menschen das christliche Gebot »Du sollst nicht lügen« konsequent beachtet, gäbe es keinen Fortschritt. Darüber mag streiten, wer will. Unstreitig ist jedoch die Tatsache, dass es seit Adam und Eva die Lüge als vorsätzliche Unwahrheit gegeben hat. Sie ist damit das älteste Mittel zum absichtlichen Betrug. Bereits die alte Verkäuferregel »Jeden Morgen steht ein Dummer auf, man muss ihn nur finden« involviert Aspekte des Betruges. Doch kaum ein Verkäufer kann heute darauf verzichten, entweder etwas zu verheimlichen oder etwas zu beschönigen, denn schließlich ist nicht alles Gold, was glänzt.

Entscheidend ist, dass es die vorsätzliche Unwahrheit gibt und der satanische Verhandlungskünstler diese selbstverständlich dann einsetzt, wenn sie ihm nutzt. Zudem gibt es ernst zu nehmende Untersuchungen, wonach jeder Mensch am Tag etwa 200-mal lügt. Hier ein paar Kostproben, die wir alle kennen:

Diese Maschine wurde erst vor zwei Jahren gekauft, praktisch kaum genutzt, aber immer regelmäßig gewartet.

Dieses Fahrzeug hat ca. 30 000 Kilometer und ist nur von einem Kfz-Meister gefahren worden!

Für diese Vorarbeiten an der Fassade habe ich 120 Lohnstunden bezahlen müssen.

Nein, ich habe nichts zu verzollen.

Nein, Herr Wachtmeister, ich habe nichts getrunken. Ich komme gerade vom Krankenhaus, wo meine beiden Kinder schwer krank liegen.

Eine taktische und außerordentlich wirksame Variante der Lüge sind unwahre Behauptungen. Die Methode besteht darin, eine Behauptung aufzustellen, von der man weiß, dass sie im Moment der Darstellung und ohne besonderen Nachweis in den meisten Fällen nicht zu widerlegen ist. Erfolgt das Aufstellen der unwahren Behauptung mit der entsprechenden Überzeugungskraft, so sehen viele unkritische Teilnehmer das schon fast als einen Beweis an.

Und dann gibt es noch das üble Mittel der Gerüchte! Jeder kennt das. Man kann es zwar widerlegen, aber irgendetwas bleibt immer kleben. Die Nachbarin, von der man ganz genau weiß, dass sie nachts von – ständig wechselnden – Männern besucht wird. Das hat zwar noch niemand gesehen, aber das Gerücht steht, oder besser gesagt, es läuft, und zwar rund – in der ganzen Nachbarschaft.

Besonders gefährlich sind Gerüchte über die miserable finanzielle Situation eines Anbieters. Da wird jeder, der einen Auftrag zu vergeben hat, hellhörig – und wenn man keinen wasserdichten Gegenbeweis hat, scheidet der Anbieter im Zweifel aus! In der Bauwirtschaft waren das alltägliche Methoden, um unliebsame Wettbewerber auszuschalten. Wer beauftragt schon für sein Haus einen Bauunternehmer, von dem man gehört hat, »gerüchteweise«, dass es ihm wirtschaftlich nicht gut geht?

Das Perfide an den Gerüchten ist, dass man selten nachweisen kann, wer sie in die Welt gesetzt hat. Damit ist eine Strafanzeige kaum möglich. Gerüchte und Mobbing haben die gleiche hässliche Herkunft. Für den satanischen Verhandlungskünstler ist das allerdings ein hervorragendes Mittel, um einen Wettbewerber auszustechen. Moral hin oder her!

Hier gilt nur ein Grundsatz: Sofort in die Offensive gehen und Klarheit schaffen!

Das ständige Dagegensein

Mit dieser Taktik wird versucht, den Gegner durch eine hartnäckig-freundliche und ständige Gegenposition zu zermürben. Diese Vorgehensweise erfordert hohe Selbstdisziplin!

Es kommt darauf an, dass man zu den Schlüsselbegriffen des Gegners sofort die Gegenposition aus dem Gedächtnis abrufen kann und diese in einen logischen, zumindest in einen glaubhaften Zusammenhang bringt – und dagegenargumentiert. Das schnelle Abrufen ist im Prinzip nicht schwierig, weil uns allen zu einer Position die Gegenposition bekannt ist.

Ein Beispiel: Jemand wirft Ihnen vor, Sie seien »schlecht zu erreichen«. Was der Gegner negativ meint, können wir auch anders interpretieren. Die Gegenposition wäre: »Herr Verhandlungspartner, ich arbeite sehr effizient, weswegen ich für spontane Termine nicht zur Verfügung stehe.« Damit haben wir eine Gegenposition eingenommen, bei der »schlecht zu erreichen« einen Vorteil darstellen kann.

Und hier ein paar beliebte Redewendungen, um das Dagegensein einzuleiten:

Ist das eigentlich so, wie Sie das darstellen, denn wir müssen doch bedenken, dass …!

Ihre Darstellung ist hochinteressant, aber die Kernfrage lautet doch …!

Gerne wird auch mit Gegenfragen gearbeitet:

Wie kommen Sie darauf?

Wie wichtig ist für Sie eigentlich eine andere Meinung?

Vergleichbar ist das mit dem Kampfsport Judo, bei dem es darum geht, den Gegner freundlich so weit zu bringen, dass man ihn dann im entscheidenden Moment auf die Matte werfen kann.

Drohungen und Konkurrenz

Druckmittel gehören zu den meistverbreiteten Taktiken bei Verhandlungen und haben viele Spielarten. Androhungen sind eine klassische Taktik, um den Gegner unter Druck zu setzen, seine Entschlusskraft zu schwächen beziehungsweise zu beeinflussen, um seine eigenen Interessen einseitig durchzusetzen.

Einem Verhandlungspartner mit der Konkurrenz zu drohen, ist ein alter und beliebter, wenn auch billiger Trick. Man geht davon aus, dass der Gegner die Drohung für wahr ansieht, da er in diesem Moment die Angaben des Gegenübers ohnehin nicht überprüfen kann. Zu diesem »Fauler-Trick-Spiel«

zählt auch die Methode, zu einem bestimmten Zeitpunkt einen »Beweis« aus dem Hut zu zaubern, um den Gegner zu verblüffen.

In einer solchen Situation ist es immer das Beste, die Verhandlung zu vertagen, und dann die Zeit zu nutzen, um sich zu informieren.

Stresssituationen erzeugen – psychologische Kriegsführung

Eine besonders beliebte Taktik der satanischen Verhandlungskunst ist die künstliche Erzeugung von Stresssituationen, mit dem Ziel, Einfluss auf den Verhandlungspartner zu nehmen, sodass er sich unbehaglich fühlt, um ihn so zu größeren Zugeständnissen zu bringen. Die Palette der Mittel zur psychologischen Kriegsführung ist groß. Hier einige Beispiele, die vorwiegend die Rahmenbedingungen betreffen:

Methode	Ziel
zu langes Warten	den Gegner nervös, unruhig machen
gnädiges Empfangen	Machtdemonstration
Unfreundlichkeit	den Gegner zum Zorn reizen
Ungünstige Sitzposition	Unbehaglichkeit erzeugen, Rückenschmerzen bei längeren Verhandlungen
Platzverhältnisse einengen	Intimzone stören, Gefahr, dass Kaffee auf Manuskripte schwappt
Verbale Angriffe	zur Unsachlichkeit reizen
Überhitzte oder eiskalte Räume	Bedürfnis nach baldigem Ende wecken
Plötzliches Hinzuziehen von Leuten, die der Gegner nicht kennt	Unsicherheit erzeugen, Unruhe stiften, Schwierigkeitsgrad der Argumentation erhöhen

Methode	Ziel
Wegsehen, mit dem Kollegen flüstern etc., während der Gegner spricht	den Gegner verunsichern und zu unbedachten Äußerungen bringen
Entgegennahme von Telefongesprächen	Störung erzeugen, Argumentation durchbrechen, demoralisieren, nervös machen
Kurzzeitiges Verlassen des Raumes	den Gegner »leerlaufen« lassen, ihn verunsichern, ermüden
Falsche oder zu wenig Getränke; künstlich Lärm oder Gerüche erzeugen	Nerven des Gegners strapazieren
Vorschlag, die Mittagspause »durchzumachen«	den Gegner ermüden.

Beim Einsatz von »Psycho-Spielchen« ist allerdings Vorsicht geboten, denn werden diese als Methode erkannt, kann das peinlich werden. Doch auch bei Bewerbungsgesprächen ist diese Taktik, wie viele Befragte äußerten, gang und gäbe.

Psycho-Spielchen

Maßnahme: Den Bewerber sehr lange warten lassen – ab und zu Info durch die Sekretärin (»Es dauert nicht mehr lange …!«).
Das soll herausgefunden werden: Was lässt ein Bewerber für eine Führungsposition alles mit sich machen? Wird er wütend, »schluckt« er diesen Affront, oder hat er eine Lösung?
Richtige Reaktion: Zur Sekretärin sagen: »Ich warte gerne noch 10 Minuten, dann möchte ich aber einen neuen Termin vereinbaren!«
Wenn der Chef dann erscheint und sich entschuldigt: NICHTS sagen! Eventuell nur nicken; keine böse Mimik!

Maßnahme: Den Mantel abnehmen und so aufhängen, dass er garantiert vom Haken fällt.

Das soll herausgefunden werden: Wie wichtig ist dem Bewerber sein Mantel? Bleibt er gelassen, oder rennt er hektisch zum Haken?
Richtige Reaktion: Sich überhaupt nichts anmerken lassen. Schließlich hat der Bewerber das Missgeschick nicht zu verantworten. Ruhe bewahren – keine Hektik!

Maßnahme: Dem Bewerber ungeschickt Kaffee einschenken und die Tasse bewusst so voll machen, dass es überschwappt.
Das soll herausgefunden werden: Kommt der Bewerber zum Kaffeetrinken? Oder zeigt er seine Qualitäten als Reinigungskraft?
Richtige Reaktion: Gar nichts machen! Den Kaffee ohne Bemerkung stehen lassen! Auf keinen Fall den Kaffeerest in der Untertasse in die Tasse gießen …

Maßnahme: Dem Bewerber Kekse anbieten, eventuell mit der Bemerkung, dass seine Mutter sie gebacken hat …!
Das soll herausgefunden werden: Wenn der Bewerber den ersten Bissen gemacht hat, stellt der Berater sofort eine Frage. Kommt der Bewerber, um Kekse zu essen?
Richtige Reaktion: Höflich, aber sehr bestimmt die Kekse ablehnen. Es ist vollkommen egal, wer sie gebacken hat. Ein freundliches Gesicht machen – zum Gespräch übergehen.

Maßnahme: Platzverhältnisse einengen oder eine ungünstige Position zuweisen.
Das soll herausgefunden werden: Gibt sich der Bewerber mit ungünstigen Verhältnissen zufrieden, obwohl es Alternativen gibt? Ist er gar zu schüchtern?
Richtige Reaktion: Den Mangel höflich, aber bestimmt ansprechen und Alternativen fordern. Wichtig: Signalisieren, dass man nicht alles akzeptiert.

Maßnahme: Den Bewerber oft mit falschem oder unvollständigem Namen ansprechen.
Das soll herausgefunden werden: Wie wichtig ist dem Bewerber seine eigene Persönlichkeit? Wie reagiert er auf Angriffe?
Richtige Reaktion: Höflich, aber bestimmt sagen: »Herr Müller, mein korrekter Name ist Meier-Heinrich!« Bei erneuter Falschaussprache nicht mehr korrigieren, es ist eine (plumpe) Falle.

Maßnahme: Entgegennahme von Telefongesprächen oder kurzzeitiges Verlassen des Raumes.
Das soll herausgefunden werden: Kann der Bewerber klare Signale setzen, dass er nur mit Hans und nicht mit Hänschen sprechen will? Lässt er sich durch solche Tricks überfahren?
Richtige Reaktion: Höflich, aber deutlich sagen: »Kein Problem, Herr Müller, ich warte, bis Sie wieder da sind!« Sich nicht auf die Fortführung des Gesprächs durch andere einlassen, stets auf die Rückkehr von Herrn Müller verweisen.

Maßnahme: Ein alter Hut: Dem Bewerber ein Blatt Papier hinlegen, ihn mit der Stoppuhr in der Hand auffordern, daraus einen Papierhut zu falten!
Das soll herausgefunden werden: Lässt sich der Bewerber mit solchen albernen Spielchen überrumpeln?
Richtige Reaktion: Gar nichts machen! Das Blatt liegen lassen und klar sagen: »Mit solchen profanen Dingen beschäftige ich mich nicht!«

Maßnahme: Das Good-and-bad-Play mit einem Kollegen veranstalten. Der Hardliner behauptet massiv, dass der Bewerber für diese Position nicht geeignet sei – der »Softi« beruhigt, widerspricht.
Das soll herausgefunden werden: Hier wird bewusst eine persönliche Stresssituation aufgebaut. Wie reagiert der Bewerber?

Richtige Reaktion: Sich in aller Ruhe die Meinungen anhören, dann sagen: »Diese Ansicht teile ich nicht. Ich traue mir sehr wohl zu, die anstehenden Aufgaben zu lösen!« Aber keinesfalls sagen: »Das können Sie wohl kaum beurteilen!«

Maßnahme: Mit erfundener Statistik (oder sogenannten wissenschaftlichen Untersuchungen) den Bewerber verunsichern, aufs Glatteis führen.
Das soll herausgefunden werden: Wie leicht lässt sich der Bewerber ins Bockshorn jagen? Reagiert er hilflos oder aktiv?
Richtige Reaktion: Die Statistik/Untersuchung hinterfragen (wer, wo, wann, wie usw.). Gute Reaktion: »Entscheidend ist nicht, was eine Statistik sagt, sondern was sie verschweigt. Das muss stets geklärt werden!«

Die Salami-Taktik anwenden

Die meisten Verhandlungsgegenstände bestehen nicht nur aus *einem* Punkt, sondern aus vielen unterschiedlichen Verhandlungspunkten, die als Paket verhandelt werden sollen.

Hier entsteht eine gefährliche Verhandlungsfalle: Der Gegner macht den Vorschlag, das Verhandlungspaket aufzuschnüren, um einzelne Punkte zu verhandeln. Wer sich darauf einlässt, sollte darauf achten, dass sein Teil nicht zuletzt verhandelt wird, sonst könnte es nämlich sein, dass das auf den Sankt-Nimmerleins-Tag verschoben wird. Wenn zu vermuten ist, dass eine Aufschnürung des Paketes in Einzelpunkten zu Nachteilen führt, sollte man in jedem Fall darauf bestehen, dass man der Teileinigung nur unter dem Vorbehalt zustimmt, dass Einigung über das Gesamtpaket erzielt wird! Damit ist der Gegner meistens schon gewarnt.

Unklare Vollmachten – auf Zeit spielen – Druck erzeugen

Mit der Taktik der »unklaren Vollmacht« ist stets die Möglichkeit gegeben, sich ein Hintertürchen offen zu halten. Das Spiel ist beliebt bei Einkaufsleitern, bei denen der Verkäufer nicht weiß, welche Kompetenzen dieser hat. Der Einkaufsleiter handelt den Verkäufer kräftig runter, holt praktisch alles aus ihm raus. Am Ende erklärt er ihm, dass für den Abschluss des Geschäfts, da er ja in einem großen Hause tätig ist, noch eine Unterschrift seines Chefs erforderlich sei. Aber das wäre sicher nur eine Formsache, beruhigt er den Verkäufer, der sich daraufhin sicher ist, dass die Sache bereits gelaufen ist. Er ahnt nicht, dass er auf einen Trick hereingefallen ist.

Die Überraschung kommt etwas später. Der Einkaufsleiter teilt mit, dass der oberste Boss nur unter der Bedingung zustimmt, dass der Verkäufer nochmals zwei Prozent nachlässt. Das kann für den Verkäufer sehr fatal werden. Er muss zähneknirschend zustimmen.

Er wehrt sich am besten dadurch, dass er dem Einkaufsleiter von vornherein sagt, dass die Abmachung für ihn nur dann gilt und er zustimmt, wenn der oberste Boss auch zustimmt. Ansonsten könne jeder Änderungen vornehmen.

Auf Zeit zu spielen ist besonders beliebt, weil damit Druck aufgebaut werden kann. Die Taktik, Probleme auszusitzen und durch Verzögerungen den Gegner unter Entscheidungsdruck zu setzen, ist auch als »Kohl-Taktik« bekannt. Doch damit ist nicht gemeint, gar nichts zu tun und abzuwarten, sondern eine Aktivität hinter den Kulissen, ohne dass die entscheidenden Verhandler in Erscheinung treten. Es geht darum, den Gegner glauben zu machen, es geschehe nichts, um ihn nervös und unruhig, vielleicht auch wütend zu machen – damit er etwas unternimmt und Fehler begeht oder unter Druck gerät und verhandlungsbereit wird. Mit anderen Worten: Es findet ein Intrigenspiel statt.

Die Richterrolle übernehmen

Wer es mit großen Unternehmen zu tun hat, kennt meistens den obersten Boss, zum Beispiel den Kaufmännischen Geschäftsführer, nicht. Doch in einer wichtigen Schlussverhandlung sitzt er plötzlich mit am Tisch und übernimmt wie selbstverständlich die Verhandlungsführung. In kritischen Fällen spielt er sich als »Richter« auf und leitet die Verhandlung so geschickt, dass die Gegenseite hofft, dass er für sie Recht spricht! Er spielt den scheinbar Unparteiischen, überlässt den Kollegen die Auseinandersetzung und hält sich unter allen Umständen zurück.

Hier hilft nur, dass man diese Taktik anspricht und sie ablehnt. In jedem Fall gilt der Grundsatz: Jede erkannte Taktik ist wie ein verratener Angriffsplan!

Das »Good-and-bad-Play«

Diese Taktik wird oft in großen Unternehmen angewendet, ist aber auch in mittleren Betrieben bekannt. Es ist ein abgekartetes Spiel: Mit einem eigenen Kollegen wird ein gut abgestimmtes Manöver inszeniert, um den Gegner auf eine falsche und gefährliche Fährte zu locken. Mit dieser Taktik lassen sich in Verhandlungen erstaunliche Ergebnisse erzielen, vorausgesetzt, es handelt sich um ein gut eingespieltes Team. Ein Kollege spielt den »Bösen«, den Unnachgiebigen, der andere den »Guten«, den Vermittler, der seinen eigenen Kollegen beschwichtigt und versucht, die Gegenseite zu verstehen. Er versucht, einen Kompromiss vorzuschlagen, doch der unnachgiebige Kollege lehnt ab. Die Verhandlung wird unterbrochen, und die Gegenseite glaubt, in einem vertraulichen Gespräch mit dem »Vermittler« bessere Konditionen zu erhalten.

Doch weit gefehlt, denn der eigentliche Hardliner ist der Kollege, der beruhigt hat. Er überzeugt die Gegenseite nun davon, dass der von ihm vorgeschlagene Kompromiss vermutlich, wenn auch unter großen Schwierigkeiten, im Unternehmen durchgesetzt werden kann. Er macht sich quasi zum Komplizen der Gegenseite – die dem Kompromiss am Ende zustimmt.

Ein perfides Spiel. Auch hier wehrt man sich am besten dadurch, dass man die erkannte Taktik anspricht.

Das Einlullen

Diese Taktik, bei der es darum geht, dass der Gegner Vertrauen fasst, funktioniert sehr gut bei jungen, noch nicht so erfahrenen Verhandlungspartnern. Ein erfahrener Verhandler der Gegenseite »lullt« praktisch sein Gegenüber dadurch ein, dass er ihn glauben machen will, es gehe bei Geschäften immer auch um Vertrauen. Und er bezeichnet ihn anschließend als »unseren Partner«, bei dem auch Absprachen ohne Verträge gelten müssen (»Wissen Sie, junger Mann, ich bin so lange im Geschäft und habe eines gelernt: Wer viel fragt, kriegt viel Antwort …!«). Er empfiehlt dem jungen Partner, doch mal alle Taktiken zu vergessen – um ihn dann mit gezielten Taktiken reinzulegen!

Es folgen tatsächlich einige »vertrauensbildende Maßnahmen«, um den Gegner in eine positive Grundhaltung zu bringen. Doch als dann eines Tages eine wichtige Verhandlung ansteht, ist der liebe, erfahrene Kollege, der »falsche Fuffziger«, ganz plötzlich versetzt worden. Was nutzen dem jungen Verhandler nun seine persönlichen Absprachen ohne Vertrag?

»Durch Schaden wird man klug« – sagt ein gängiges Sprichwort. Doch ohne Schaden klug werden ist sicherlich die weitaus bessere und elegantere Methode!

Nebenkriegsschauplätze schaffen

Ziel der Taktik: Die Verhandlung zu unterbrechen und auf eine andere Ebene zu führen, weitere Streitpunkte zu schaffen, abzulenken durch einen »Angriff von der Seite«, um den Gegner zu überrumpeln, ihm keine Chance zu geben, die Situation genauer zu analysieren oder einen Gegenangriff zu starten.

Der satanische Verhandlungskünstler hat diese fiesen Tricks stets im Gepäck: die Frage nach der Kompetenz des Gegners, seine Zuständigkeiten in seinem unternehmerischen Umfeld, die Klärung von Begriffsdefinitionen, das Herausstellen vermeintlicher Fehler, die Aufforderung, den Sachverhalt XYZ nachzureichen, der ständige Zweifel, persönliche Angriffe auf der Beziehungsebene usw. Die Palette der Möglichkeiten des satanischen Verhandlers ist groß.

»Ich kann mich an keine Verhandlung in meiner über 30-jährigen Tätigkeit als kaufmännischer Leiter erinnern, in der nicht irgendein Schlaumeier oder garstiger Verhandlungspartner die Frage gestellt hat: ›Und was verstehen Sie unter …?‹« – das sagte mir ein Gesprächspartner auf die Frage, welche Nebenkriegsschauplätze am häufigsten eröffnet wurden. Und in der Tat, wohl kaum eine andere Taktik ist besser geeignet, Verwirrung zu stiften, den Gegner zu ermüden, aufzuregen oder zu nerven.

Wie kann man sich gegen die Taktik, auf Nebenschauplätze gelenkt zu werden, wehren? Hierzu ist der Blick auf das Konzept wichtig, besonders auf das Abwehr-Konzept, denn bereits hier muss aufgeführt werden, welche zu erwartenden und vor allem welche unerwarteten Taktiken/Maßnahmen die Gegenseite vorbringen kann.

In jedem Fall gilt: Nicht nervös machen lassen, ruhig und sachlich bleiben, signalisieren, dass man das Spiel durchschaut, und vor allem, wenn die Angriffe zu heftig werden, die Verhandlung unterbrechen.

Mit Statistik täuschen

Berühmt geworden ist der Ausspruch des ehemaligen britischen Premiers Winston Churchill, der gesagt haben soll: »Ich glaube nur der Statistik, die ich selber gefälscht habe!«

Und in der Tat, mit keinem Instrument lässt sich so hervorragend manipulieren wie mit Statistiken. Denn diese kann man entweder falsch aufstellen oder falsch interpretieren. Und je exakter die Zahlen präsentiert werden, desto größer ist die Wahrscheinlichkeit, dass sie geglaubt werden. Gerade heute, in Zeiten von Corona, erleben wir beispielsweise nahezu tagtäglich, wie verantwortliche Politiker das schleppende Impfgeschehen in Deutschland interpretieren. Das Ergebnis: totale Verunsicherung der Bevölkerung.

Franz Josef Strauß erzählte – um die »Beweiskraft« von Statistiken aufzuzeigen – folgende Geschichte:

Zwei Männer sitzen im Wirtshaus. Der eine verdrückt eine ganze Kalbshaxe, der andere trinkt zwei Maß Bier. Statistisch gesehen ist das für jeden eine Maß Bier und eine halbe Haxe. Aber der eine hat sich überfressen, und der andere ist besoffen ...!

So viel zum statistischen »Mittelwert«, von dem es unterschiedliche Formen gibt. Neben dem im Beispiel angewendeten »arithmetischen Mittel« (alle Werte werden addiert und durch die Anzahl geteilt) gibt es zum Beispiel auch den »Median«. Dieser Wert liegt genau in der Mitte einer Datenreihe, die nach Größe geordnet ist. Ausreißer wie besonders große oder kleine Werte werden dabei ignoriert – mit diesem Mittelwert lässt es sich also prächtig manipulieren.

Mit Statistiken lässt sich in nahezu allen Bereichen unseres Lebens Stimmung erzeugen. So wurde von »Moralschützern« im Zusammenhang mit der Ehe zwischen zwei Männern behauptet und dramatisiert, dass bereits 9 Prozent der deutschen männlichen Bevölkerung homosexuell seien – Tendenz steigend. Laut dieser Moralapostel ein schlimmer Zustand. Sie vergaßen aber zu erwähnen, dass 91 Prozent »normal« seien – was immer man unter »normal« versteht.

Mit Statistik kann man alles beweisen. Eine gute Abwehrmaßnahme wäre es, zu sagen: »Entscheidend ist meistens nicht, was eine Statistik besagt, sondern was sie verschweigt!«

Methoden des fairen und unfairen Verhandelns

Abschließend eine Gegenüberstellung der Methoden des fairen und des unfairen Verhandelns. Daraus lässt sich erkennen, was man tun muss, um aus einer fairen Verhandlung eine unfaire zu machen. Diese Zusammenstellung ist das Ergebnis von Recherchen und Befragungen der Top-Manager, die ich zu diesem Thema befragt habe. Besonders wertvoll waren die Gespräche mit Vorstandsvorsitzenden großer Verbände, da bei ihnen die Verhandlungsprobleme aller Mitgliedsbetriebe zusammenkamen. Und das waren die Ergebnisse:

Fair: Vorbereitung auf alle Sachinhalte und Teilnehmer; alle Unterlagen bereithalten.
Unfair: Verunsicherung schon zu Beginn, um die Führung zu erlangen.
Unfaire Methoden: Neue Sachverhalte erstellen, Rechtmäßigkeit der Vorlagen bezweifeln; neue unbekannte Teilnehmer vorstellen.

Fair: Pünktlichkeit, freundliche Begrüßung der Teilnehmer, Sitzplatzauswahl, Getränke anbieten, Small Talk, Willen zu Einigkeit betonen, Namen korrekt nennen, zuhören, nicht unterbrechen, den Partner achten.
Unfair: Gegner soll verärgert werden, Macht soll demonstriert werden, Nerven des Gegner sollen strapaziert und seine Ratio soll ausgeschaltet werden, damit sich Emotionen frei entwickeln können.
Unfaire Methoden: Langes Warten, eher unfreundliche Begrüßung, mürrisch sein, überhitzte, eiskalte Räume, künstlich Lärm oder Gerüche erzeugen, Platzzuweisung, ungünstige Sitzposition, Platzverhältnisse einengen, tuscheln mit den eigenen Leuten, kalter Kaffee, warme Getränke, auf seine Rechte pochen; Namen falsch aussprechen, Titel weglassen, wegsehen, den Raum verlassen usw.

Fair: Vor Beginn der Verhandlung alle Teilnehmer benennen, Zeitrahmen festlegen, Tagesordnung festlegen (vorher!), keine Tricks anwenden.
Unfair: Das übliche Schema durchbrechen und signalisieren, dass man nicht eingeschätzt werden kann, den gegnerischen Zeitplan zerstören.
Unfaire Methoden: Plötzliches Hinzuziehen von Leuten, die der andere nicht kennt; diese verunsichern die Gegenseite durch ständige Einwände und Fragen, Vorschlag, die Mittagspause durchzumachen – um dann kurz vor Ende erledigte Punkte erneut aufzugreifen und zu behandeln. Wann muss der Gegner wegfahren/fliegen? Zeitdruck schaffen!

Fair: Versuchen, mit dem Partner Gemeinsamkeiten zu erkennen, Punkte der Übereinstimmung zu finden, stets fragen – statt nur zu behaupten, den Partner freundlicher stimmen.
Unfair: Den Gegner mürbe machen, ihn demoralisieren, »weichkochen«, ihn ermüden, auch wütend machen, damit er Fehler macht.
Unfaire Methoden: Ständiges Dagegensein als taktische Methode, Antworten fordern und diese dann ständig bezweifeln, später Unzufriedenheit über die Antworten des Gegners in den Vordergrund stellen und Enttäuschung simulieren, oft mit dem Kopf schütteln, verzweifelt tun.

Fair: Möglichst zu einem Gesamtergebnis kommen, das beide zufriedenstellt, keine Details verhandeln, die nichts bringen.
Unfair: Nur das als Ergebnis akzeptieren, was lukrativ ist, und nicht alles – möglichst aufteilen.
Unfaire Methoden: Salami-Taktik anwenden, das Verhandlungspaket in einzelne Teile zerlegen, nur die Teile absichern, die Gewinn bringen, die anderen »zerreden« und auf einen anderen Termin verschieben.

Fair: Mit offenen Karten spielen, keine Tricks; Devise: hart – aber fair.
Unfair: Für Verwirrung und Verärgerung sorgen, mit Abbruch der Verhandlung drohen,
Unfaire Methoden: Unterstellen, es gäbe mehrere Verkaufslisten, Widersprüche entdecken, Unterstellung unrichtiger Argumente, provokativ wiederholen lassen.

Fair: Mit dem Partner ein gemeinsames Abkommen treffen, das auch gültig, fair und genau fixiert ist.
Unfair: Den Gegner überrumpeln und unter Druck setzen, damit er weitere Zugeständnisse macht.
Unfaire Methoden: Erst durch zähes Verhandeln alles vom Gegner rausholen (unter Umständen mit dubiosen Versprechungen), dann zur Entscheidung an den »obersten Boss« weiterreichen. Den Gegner dann anrufen und ihn quasi erpressen mit einem »günstigeren Angebot«, welches dem obersten Boss angeblich vorliegt.

Fair: Möglichst fair dem Partner erklären, dass es auch andere Partner gibt, Bedenkzeiten fair einräumen, keinen Zeitdruck erzeugen, annehmbare Fristen vereinbaren.
Unfair: Druck erzeugen, Angst machen, die Zeit als Gegner einsetzen, den Gegner vollkommen irritieren, um ihn zu Zugeständnissen zu bewegen.
Unfaire Methoden: Mit Drohungen den Gegner unter Druck setzen (Kontaktabbruch), sich weigern zu verhandeln, wenn keine Zugeständnisse gemacht werden, die Konkurrenz gezielt ausspielen, »Kohl-Taktik« anwenden (Aussitzen), verzögern durch Detailfragen und durch beispielsweise Aktensuche etc., illusorische Fristen setzen.

Fair: Statistiken und Zahlen nur für das gemeinsame Ziel einsetzen, nicht tricksen; beim Hauptthema bleiben, nicht ständig abweichen.
Unfair: Den Gegner zermürben durch ständig neue Argumente und Aufmachen eines neuen Feldes, ihn weichkochen, verunsichern mit Zahlen und Fakten.
Unfaire Methoden: Mit verblüffender Statistik einschüchtern, stets die Zahlen präsentieren, die etwas besagen, aber nicht die, die etwas verschweigen – jedoch alles unvorbereitet für den Gegner. Immer wieder »Nebenkriegsschauplätze« eröffnen, ständig darauf »rumreiten«.

Fair: Ehrlich in seinen Gefühlen gegenüber dem Partner sein, aber kein Süßholzgeraspel, keine »Schleimerei«, Ehrlichkeit und Geradlinigkeit demonstrieren, keine falschen Gefühle heucheln.
Unfair: Den Gegner hinters Licht führen mit vorgetäuschten Gefühlen, mit Gefälligkeitsbekundungen; ihn blind machen für die Realität, ihn einlullen.
Unfaire Methoden: Den Gegner durch Schmeicheleien, Komplimente, geheuchelte Anerkennung einlullen; seinen Stellenwert in der Verhandlung hervorheben, ihm einen Triumph gönnen, den Sie beispielsweise selbst »arrangieren«, den »Menschen« betonen, den sie bewundern, und nicht den »Gegner, aber auch seine »Gefährlichkeit« erwähnen – alles natürlich nur gespielt.

III. Bewährte rhetorische Elemente: Das Instrumentarium der satanischen Verhandlungskunst

Von außerordentlicher Bedeutung in der satanischen Verhandlungskunst ist der Einsatz diabolisch-rhetorischer Elemente. Sie sind die »teuflischen Waffen« derer, die satanisch verhandeln. Doch keinesfalls ist es so, dass diese Elemente nur zur Täuschung und zum Fallenstellen eingesetzt werden. Das Problem für denjenigen, der das als Gegner in einer Verhandlung erkennen muss, besteht darin, dass der Einsatz dieser Elemente oftmals vertraut und ehrlich wirkt. »Lügen muss man können«, sagt eine alte Weisheit. Wer lügt und dabei einen roten Kopf bekommt, ist schnell entlarvt. Wer jedoch Wahrheit mit Lügen geschickt vermischt, dem fällt nicht nur das Lügen leichter, sondern er kann auch darauf hoffen, dass ein Gegner alles akzeptiert – also die Wahrheiten **und** die Lügen. »Eine Halbwahrheit ist schlimmer als eine Lüge«, sagt ebenfalls eine alte Volksweisheit. Die Gründe liegen – wie könnte es anders sein – wieder einmal in uns selbst. Wer beispielsweise einen zuvor unbekannten Sachverhalt geschildert bekommt, kann meistens während der Schilderung nicht erkennen und klären, ob der Sachverhalt den Tatsachen entspricht oder nicht. Vielleicht kann er es später – aber dann ist es oft zu spät. Menschen sind eben sehr leichtgläubig, vielleicht weil sie denkfaul sind, weil sie etwas glauben wollen oder weil ihnen schlicht die Möglichkeiten fehlen, den Sachverhalt zu überprüfen.

Viele kennen das aus dem privaten Bereich: Der Ehemann, der zu spät vom Kegeln nach Hause kommt und seiner Frau auf Befragen vom Kegelabend berichtet, weil sie ja wusste, dass er dort war. Dass er möglichweise ganz andere »Kegel geschoben« hat, kann sie nicht ohne Weiteres nachprüfen. Vielleicht will sie es auch gar nicht …! Sie glaubt es halt.

Oder die geschwätzige Nachbarin, die einer anderen Hausbewohnerin »schwört«, in der vergangen Nacht schon wieder einen anderen Mann bei der neuen jungen Mieterin im Hause gesehen zu haben, nein, sie hat's sogar gehört …! »Nein, nun sagen Sie nur, Frau Müller, also, so eine unmoralische Person! Aber ich habe ja gleich gesagt …!« Der Rest ist bekannt. Die andere Hausbewohnerin will es geradezu glauben, denn kritische Distanz gehört eben nicht zum Hausklatsch.

Doch es gibt auch genügend Beispiele dafür, dass Menschen, die wahrlich nicht zur oben geschilderten Gruppe gehören, das glauben, was man ihnen erzählt – weil ihnen im Moment auch nichts anderes übrig bleibt. Wem wäre es nicht schon passiert, dass man in einer fremden Stadt nach dem Weg fragt und bei einem freundlichen-sicher erklärenden Passanten den Eindruck gewinnt, dass man den richtigen Weg gezeigt bekommt. Zwar lernt man dann (unfreiwillig) die Stadt kennen, kommt überall hin – nur nicht dahin, wohin man wollte.

Als wichtigste rhetorische Elemente in der satanischen Verhandlungskunst will ich zunächst die Fragearten, die Möglichkeiten der unfairen Anwendung und ihre Wirkungsweise darstellen.

Grundprinzip jeder Verhandlung

Verhandeln zwei Partner miteinander, so nimmt jeder eine bestimmte Verhandlungsposition ein (Preis, Lieferzeit, Reklamation etc.). Diese Position ist für den anderen Verhandler sichtbar, weil sein Partner sie vertritt. Nicht sichtbar für den anderen sind die Motive, die sein Verhalten steuern. Sagt also einer: »Das ist zu teuer!«, so ist das die Verhandlungsposition. Die Motive, die dazu geführt haben, sind daraus allerdings nicht erkennbar. Sie könnten lauten: »Ich bin noch nicht überzeugt«, »Ich habe nicht das Geld«, »Ich habe ein besseres Angebot« oder »Ich möchte zwar kaufen, aber im Moment habe ich nicht genug Geld!« usw. Im Allgemeinen, um es salopp auszudrücken, schlagen sich beide nun ihre Positionen wechselseitig »um die Ohren«. Und wer am längeren Hebel sitzt, hat gewonnen.

Für einen erfolgreichen Verhandler muss es immer darum gehen, die Motive des anderen zu erforschen (Fragetechnik, Verhaltensmerkmale, Äußeres usw.). Erst wenn er die Motive kennt, ist er in der Lage, beispielsweise den Nutzen seines Angebots zu verdeutlichen, Teilziele zu formulieren oder gemeinsame Optionen zu entwickeln usw.

Der satanische Verhandler lässt sich überhaupt nicht in die Karten schauen, oder er sagt die Unwahrheit, um sein Gegenüber auf die falsche Fährte zu locken.

Ob Diskussion, Verkaufs- oder auch Bewerbungsgespräch: Jeder Verhandler setzt dabei verschiedenste Frage- und Gesprächstechniken ein sowie auch nonverbale Signale wie Mimik und Gestik.

Einfache Fragearten – nicht ungefährlich

Alle Fragearten lassen sich auf zwei Grundformen zurückführen, die als geschlossene oder offene Fragen bekannt sind. Aus diesen Grundformen lassen sich alle weiteren Fragetechniken ableiten. Entscheidend für den Erfolg der meisten Gespräche, die formal betrachtet zu einem großen Anteil aus Fragen bestehen, sind jedoch die taktischen Anwendungsformen der Fragetechniken.

Geschlossene Fragen

Der Partner kann in den meisten Fällen nur mit »Ja« oder »Nein« antworten. Ein Beispiel:

Gefällt Ihnen dieses Modell?

Ja.

Möchten Sie es erwerben?

Nein.

Die geschlossene Frage eignet sich beispielsweise im Verkauf dann, wenn sie als Abschlussfrage oder als eine Abfrage von präzisen Daten gestellt wird. Sie ist aber im Verkaufsgespräch oftmals ungeeignet, weil der Partner nicht redet und der Verkäufer somit keine Signale und wichtigen Informationen erkennen kann. Zudem: Wer nur geschlossene Fragen stellt, bringt den Kunden oft in eine unangenehme Verhörsituation, und das baut negative Emotionen auf. Unerfahrene Journalisten, die zum Beispiel Politiker interviewen, benutzen meistens diese Frageart. Haben sie jedoch einen Profi vor sich, dürfen sie damit rechnen, dass dieser antwortet: »So stellt sich die Frage nicht. Die Frage muss doch lauten … usw.« – und er sagt das, was er will, und antwortet nicht auf das, was er gefragt wurde. Nicht-Profis reagieren allerdings anders. So lässt sich im Verkaufstraining mittels (unbestechlicher) Videoaufzeichnungen nachweisen, dass dies die häufigste Frageart ist, die sowohl im Verkauf wie auch in Verhandlungen und vor allem in Mitarbeitergesprächen verwendet wird.

In der unfairen Verhandlungstechnik ist das anders. Hier werden oftmals gezielt mehrfach hintereinander geschlossene Fragen gestellt, um den Kontrahenten in ein Kreuzverhör zu zwingen. Wer darauf eingeht, kann sich schnell in einer üblen Position wiederfinden (»Jetzt widersprechen Sie sich, Sie haben doch eben für alle deutlich bestätigt, dass …!«). Aber selbst wenn das Kreuzverhör durchschaut und kritisiert wird, hat der unfaire Partner stets eine gute Erklärung: »Pardon, aber ich habe präzise Fragen gestellt, die zur Klärung notwendig sind. Wenn Sie das ablehnen, dann …!«

Die **Abwehrmaßnahme** für diejenigen, die sich einem solchen Kreuzverhör gegenübersehen, besteht darin, die Taktik offenzulegen und Gegenfragen zu stellen:

Ich befinde mich hier nicht vor Gericht. Bitte nennen Sie mir den Hintergrund Ihrer Frage, und ich werde …!

Oder: *Die Frage lässt sich nicht einfach mit Ja oder Nein beantworten, wenn Sie den wahren Sachverhalt erfahren wollen. Und daran sind Sie doch sicherlich interessiert?*

Hartnäckigkeit des Verhandlungsgegners, zum Beispiel einen Sachverhalt zuzugeben, **beantwortet man erfolgreich mit Hartnäckigkeit**. Ein Beispiel:

Gegner: *Also beantworten Sie die präzise Frage, haben Sie die Maßnahme durchgeführt, ja oder nein?*

Sie: *Wenn Sie an der Wahrheit interessiert sind, lässt sich diese Frage nicht einfach mit Ja oder Nein beantworten. Sie sind doch an der Wahrheit interessiert?*

Gegner: *Sie weichen aus, Sie wollen sich doch nur vor einer präzisen Antwort drücken!*

Sie: *Im Interesse der Wahrheit verstehe ich unter ausweichen, dass ich vor dem Zwang zu einer falschen Aussage ausweiche!*

Gegner: *Also mit anderen Worten, Sie haben die Maßnahme* ***nicht*** *durchgeführt!*

Sie: *Ich habe unmissverständlich erklärt: Die Frage lässt sich nicht einfach mit Ja oder Nein beantworten. Was ist der Grund, dass Sie den wahren Sachverhalt aus meiner Sicht nicht hören wollen?*

Das »Kreuzverhör« ist gescheitert.

Offene Fragen

Wird die offene Frage richtig formuliert, kann der Partner meistens nicht mit »Ja« oder »Nein« antworten, sondern nur in einem ganzen Satz. Ein Beispiel:

Warum gefällt Ihnen dieses Modell nicht?

Also, irgendwie erinnert mich das an ABC, aber meine Vorstellungen gehen mehr in Richtung XYZ.

Übrigens: Für einen versierten Verkäufer, der Einwände als »Straße zum Erfolg« erkennt, kann das ein hervorragendes Verkaufsgespräch mit guten Abschlusschancen werden!

Die offene Frage ist das Herzstück sowohl im Angriff wie vor allem auch in der Verteidigung bei fairen und unfairen Gesprächen. Wer immer satanisch verhandeln oder/und sich dagegen wehren will, muss diese Frageart trainieren und nochmals trainieren. Umgang mit und Einsatz von offenen Fragen müssen so selbstverständlich und verinnerlicht sein wie das »Grüß Gott« oder »Guten Tag«. Ziel ist es, den Gegner überhaupt »zum Reden« zu bringen, und nicht nur das: Er soll möglichst viel reden. Denn der wichtigste Grundsatz lautet: **Wer viel redet, bietet viel Breitseite**. Und auf eine Breitseite kann, dazu muss man kein Marineoffizier sein, zielgenau geschossen werden. Weil selbst der geübteste Rhetoriker mit einem langen Wortbeitrag Ansatzpunkte bietet, die man aufgreifen kann, wählt man sich ein (schwaches) Detail und beweist, dass ebendieses nicht funktioniert, um dann anhand des nicht funktionierenden Details zu beweisen, dass »das Ganze« nicht geht. Die meisten Verhandlungspartner glauben jedoch, möglichst hohe Redeanteile erlangen zu müssen, um sich »durchzusetzen«. **Aber welcher Profi lässt sich schon einfach »überreden«?** Viel entscheidender ist das Zuhören, und das ist eine Kunst, die man erlernen kann – **und muss!** Sie fällt umso leichter, je mehr man begreift, wie wichtig es für die Absicht der satanischen Verhandlungskunst ist, Informationen zu gewinnen.

Fast alle offenen Fragen beginnen mit einem W-Fragewort, sie werden daher auch oft als **W-Fragen** bezeichnet: **wer, wie, wo, was, warum, wieso, weshalb, woher, wodurch, womit usw.** W-Fragen sind geeignet, ein Gespräch lebendig und informativ zu gestalten, denn meistens kann man auf diese Fragen nicht nur mit Ja oder Nein antworten. Natürlich kann es passieren, dass es trotz W-Fragen zu keinem ergiebigen Gespräch kommt, beispielsweise:

Wie spät ist es?

Acht!

Oder:

Womit begründen Sie Ihre Haltung?

Mit nichts!

Die Erfahrung zeigt jedoch, dass das Ausnahmen sind. Es sei denn, es handelt sich um ganz ausgebuffte Taktiker, welche die Erwartungshaltung eines Gegners, der gelernt hat, mit offenen Fragen zu führen, enttäuschen und ihn verunsichern, vor Publikum regelrecht vorführen wollen. Viele TV-Talkshows bieten die Möglichkeit, das zu genießen, denn manchmal sind die Gäste den ausgebufften Talkmastern nicht gewachsen. Journalisten besitzen oft die Fähigkeit, auch Antworten auf offene Fragen mit gezielten Einwänden, meist mit geschlossenen Fragen, zu torpedieren – und der Befragte wirkt hilflos, quasi überführt. Damit hat er nicht gerechnet. Man erwartet Fragen, auf die man sich vorbereitet hat.

Diese Technik, eine gelernte Erwartungshandlung zu durchkreuzen, um damit den Gegner zu verunsichern, wird intensiv, beispielsweise in Verkaufsseminaren, trainiert (siehe dazu Seite 236).

Nochmals zum Unterschied zwischen geschlossenen und offenen Fragen, um den Erfolg mit einer offenen Frage anhand eines Beispiels zu verdeutlichen. An der Bar sitzt eine sehr attraktive, junge Dame. Ein junger Mann entdeckt sie, schreitet »weltmännisch« (oft beobachtet: mit beiden Händen in den Hosentaschen, was schon eine gewisse Unsicherheit verrät!) auf sie zu und stellt sich daneben. Es entwickelt sich folgendes Gespräch:

Er: *Ist dieser Platz noch frei?*

Sie: *Ja.*

Er: *Sind Sie schon lange hier?*

Sie: *Nein.*

Er: *Kommen Sie öfters hierher?*

Sie: *Nein.*

Er: *Sind Sie aus München?*

Sie: *Nein.*

Er: *Sind Sie beruflich hier?*

Sie: *Nein.*

Er: Möchten Sie tanzen?

Sie: *Nein.*

Er: *Darf ich Sie zu einem Drink einladen?*

Sie: *Nein.*

Der Mann wendet sich langsam ab. Volltreffer daneben! Was er über die junge Dame nun denkt, erübrigt sich zu beschreiben. Aber auch sie denkt sich vermutlich: »Wenn dem nicht mehr einfällt als die üblichen Anmache …!« Der junge Mann hat ausschließlich geschlossene Fragen gestellt – und damit hatte er Pech. Hätte er offene Fragen gestellt, wäre das Gespräch (vermutlich) anders verlaufen:

Er: *Grüß Gott.* ***Was*** *muss ich tun, damit ich Sie nicht störe, wenn ich hier stehe und mein Bier trinke?*

Sie: *Am besten, Sie lassen mir noch so viel Platz, dass ich mich bewegen kann.*

Er: *Aber selbstverständlich! Bewegung brauchen wir alle.* ***Was*** *spricht denn dagegen, wenn wir uns auf der Tanzfläche bewegen?*

Sie: Also ich bin etwas müde und möchte im Moment nicht tanzen!

Er: *Verstehe ich. Mir geht's ab und zu auch so. Aber was glauben Sie denn,* ***womit*** *wir den Ober bewegen können, uns einen Drink zu bringen, den ich gerne für Sie ausgeben möchte!*

Sie: *Na, fragen Sie ihn doch mal, ob er noch eine Weinschorle für mich hat?*

Er: *Aber klar hat er das! Wir können natürlich auch etwas typisches Bayerisches trinken.* ***Welche*** *Bekanntschaft haben Sie denn bisher mit unseren bayerischen Getränken gemacht, und* ***welches*** *Urteil haben Sie darüber?*

Sie: *Also, ich bin aus Stuttgart, und da trinken wir ein Viertele. Und immer, wenn ich zu Besuch in München bei meinem Bruder bin, trinke ich …!*

Wie nun das Endergebnis aussieht, ist reine Spekulation. In jedem Fall hat es in dieser Situation der junge Mann durch eine geschickte Mischung aus Antworten und offenen Fragen geschafft, das Gespräch zu *führen* – wo immer es hinführt. Die Mischung zwischen Antworten und offenen Fragen ist deswegen sehr wichtig, weil sonst die Gefahr besteht, dass sich das Gegenüber »ausgefragt« fühlt.

Fragearten diabolisch eingesetzt – und ihre Abwehr

In Verhandlungen wird häufig die erfolgreiche Taktik angewendet, mit bohrenden Fragen den Gegner zu verunsichern. Zunächst jedoch wird ein Teil des Sachverhalts als »richtig« hingenommen und bestätigt, um den Gegner in Sicherheit zu wiegen. Dann allerdings wird durch hartnäckig bohrendes Fragen, verbunden mit der entsprechenden Mimik und Gestik, der flüssige Ablauf einer

Argumentation erschüttert (»Wo?«, »Wann genau?«, »Was präzise bitte?« usw.). Der Trick ist psychologisch sehr wertvoll, denn nicht nur der logische Aufbau einer zusammenhängenden Argumentation wird zerstört, sondern vor allem der Gegner selbst wird psychisch unter Druck gesetzt, völlig irritiert, konzeptionslos und damit widersprüchlich. Er wird weichgekocht.

Die **Abwehr** dieser Taktik ist nicht immer einfach. Wichtig ist vor allem, sich nicht aus der Ruhe bringen zu lassen, sondern sich sachlich zu wehren:

Pardon, aber ich möchte meine Ausführungen im Zusammenhang darstellen!
Bitte stellen Sie diese Frage noch zurück, damit ich …!
Worauf legen Sie mit Ihrer Frage jetzt besonderen Wert?

Eine weitere Abwehrtechnik besteht auch darin, für den Gegner sichtbar das entsprechende Fragewort (»Wann?« etc.) auf ein Blatt Papier zu schreiben, um dann zu sagen: »Ich komme gleich darauf zu sprechen!« Diese Taktik wird auch bei Verkaufshandlungen angewendet, wenn der Verkäufer zu diesem Zeitpunkt noch nicht den Preis nennen will (für den Kunden deutlich sichtbar das Wort »Preis« aufschreiben und es einkreisen).

Generell ist die Taktik der Unterbrechung ein äußerst wirksames Mittel, das zum Beispiel viele Verkäufer fürchten, die ihre Argumentation im Zusammenhang bringen müssen. In unseren Seminaren üben wir diese Taktik und die Gegenwehr. In fast allen Fällen zeigte sich aber, dass gezielte Unterbrechung stets das Ergebnis hatte, dass der Teilnehmer verunsichert, verteidigend, irritiert oder in seinen Antworten emotional aufbrausend, zum Teil oberlehrerhaft reagierte. Personen, die in der Öffentlichkeit auftreten (z. B. Politiker) und vor laufender Kamera interviewt werden, fürchten diese Taktik von Reportern besonders, weil sie sich beispielsweise durch das energische Verbitten dieser Unterbrechungen negativ darstellen, was sie nicht wollen und nicht dürfen. Es wird also in eine gesprochene Antwort meist mit einer kurzen Frage oder gar Behauptung »hineingefragt«. Meistens greift der Befragte auch diese Frage auf, beantwortet sie und hat somit seine erste Antwort nicht zu Ende sprechen können. Die Anwendung dieser Taktik unter Ausschluss der Öffentlichkeit, also zum Beispiel in Verhandlungen, führt oft zu ungehaltenen Reaktionen, wie etwa (im Kommandoton, böse ärgerlich):

Ich möchte jetzt mal aussprechen dürfen!

oder *Unterbrechen Sie mich (bitte) nicht!*

Die **Abwehr** solcher Unterbrechungen erfordert Gelassenheit und Verhaltensdisziplin. Die Zwischenfrage überhören, übergehen und deutlich, aber langsam weiterreden, um dann am Ende der eigenen Antwort hinzuzufügen:

Und wie Sie gemerkt haben, lasse ich mich nicht unterbrechen, da ich diese (oder auch: Ihre) Taktik durchschaut habe!

Eine besonders erfolgreiche, dazu noch höfliche Abwehr besteht darin, nach erfolgter Unterbrechung zu sagen:

Ich fahre dort fort, wo ich unterbrochen wurde. (Etwas schärfer: ... *wo Sie mich unterbrochen haben!*)

Wenn diese Antwort stereotyp auf jede Unterbrechung folgt, wird der Unterbrechende blamiert und seine Taktik ad absurdum geführt. Er lernt, dass er seinen Gegner nicht unterbrechen und damit verwirren kann.

Ziel von guten (im Sinne von positiven) Fragen ist es, Sachverhalte zu klären. Es gibt jedoch eine Vielzahl von Fragearten, die nicht nur *nicht geeignet* sind, sondern im Gegenteil einen Sachverhalt verkomplizieren beziehungsweise vernebeln wollen, von ihm ablenken oder den Gegner zu Reaktionen veranlassen sollen, die dann entweder kritisch, empört oder verdrehend aufgenommen werden. Allerdings sind einige dieser Fragearten schnell zu erkennen und wirken, wenn sie dann kritisiert werden, möglicherweise als »Bumerang«.

Besonders geschickte Verhandlungstaktiker stellen darum selten eine solche Frage klar erkennbar, sondern verbinden beziehungsweise »verweben« quasi ihre Fragen mit Antworten, Statements, Behauptungen etc.

Gegenfrage

Die Gegenfrage ist ein beliebtes Mittel, sich sofort zu wehren oder von einer gestellten Frage abzulenken. Dass in heißen Diskussionen diese Fragetechnik sehr häufig verwendet wird, liegt sicher daran, dass sie keiner Übung bedarf, dass infolge einer emotional aufgeladenen Spannung die Selbstdisziplin schnell verloren geht, und auch daran, dass einige Gesprächskontrahenten Gegenfragen aufgreifen. Doch kennt zum Beispiel jeder von uns den Grundsatz: **Eine Frage soll nicht mit einer Gegenfrage beantwortet werden.** Verbinden Sie daher eine Gegenfrage, wenn es möglich und sinnvoll ist, zuerst mit einer vorangestellten kurzen Antwort – siehe obige Beispiele. Das ist leicht zu trainieren und versetzt denjenigen, der so antwortet, in die sichere Lage, sich nicht den Vorwurf anhören zu müssen: »Beantworten Sie doch erst mal meine Frage!« Dennoch ist die direkte, originelle, bissige, witzige Gegenfrage ein hervorragendes Abwehrmittel, um den Fragesteller regelrecht zu verblüffen.

Alternativfrage

Bei dieser Frageart soll der Befragte nur die Wahl zwischen zwei Möglichkeiten erhalten. Sie wird beispielsweise im Verkaufsgespräch dann eingesetzt, wenn der Abschluss erreicht werden soll. Beispiel: »Wollen Sie Produkt A oder Produkt B ordern?«

Aus dieser im Prinzip »braven« Frageart lässt sich jedoch – verbunden mit Unterstellungen, Behauptungen, Provokationen etc. – ein Instrument formen, das geeignet ist, den Gegner in eine beabsichtigte Richtung zu lenken oder ihn zu emotionalen Widersprüchen zu veranlassen:

Ist es Ihre Absicht, für den Frieden zu stimmen oder Hochrüstung und Krieg zu unterstützen?

Wollen Sie, dass wir gemeinsam zu einer guten Lösung kommen, oder wollen Sie Ihre Position weiter vertreten, die ohne Zweifel zu einem langen Prozess mit unsicherem Ausgang führt?

Die **Abwehr** solcher einengenden Fragen besteht darin, dass die Frageart einfach vom Tisch gefegt wird, zum Beispiel mit der Antwort:

Weder das eine noch das andere. Ich möchte vor allem XYZ …!!

Sie stellen zwei Alternativen gegenüber, die sich so nicht stellen.

Es geht in diesem Fall nur darum, dass …!

Diese Frage stellt sich so nicht, weil …!

Um diese Frage geht es (gar) nicht …!

Provokativfrage

Auch die provokative Frage ist geeignet, Emotionen zu wecken und Unfrieden zu stiften, obwohl sie in der Sache kaum weiterführt. Die negative Motivierung ergibt sich durch bestimmte Schlüsselwörter wie »eigentlich«, »wenigstens«, »überhaupt«, »wirklich« usw.

Können Sie das als Fachmann eigentlich nicht?

Können Sie das überhaupt beantworten?

Ist das wirklich Ihr Ernst, was Sie da gerade gesagt haben?

In Ihrer Wirkung verstärken lässt sich diese Frageart noch durch provozierende, unsachliche, ironische oder gar verletzende Beiworte:

Können Sie das als selbst ernannter Fachmann eigentlich nicht?

Können Sie das überhaupt mit Ihrem begrenzten Weitblick verantworten?

Ist das als ehemaliger Nazi wirklich Ihr Ernst, was Sie da gerade gesagt haben?

Die **Abwehr** provokativer Fragen erfordert einen kühlen Kopf und Selbstdisziplin. Nur nicht provozieren lassen, sondern überlegen, sachlich und gelassen antworten:

Ich reagiere/antworte nicht auf provokative Fragen!

Ich bin dafür bekannt, dass ich mich nicht provozieren oder unter Druck setzen lasse!

Suggestivfrage

Die Wirkung der Suggestivfrage beruht ebenfalls auf wertenden Schlüsselworten, wie zum Beispiel »doch«, »sicher«, »auch« usw., damit der Befragte zustimmt. Diese Form der Beeinflussung und Manipulation ist in einem seriösen Gespräch verpönt und wird, wenn sie durchschaut oder zu häufig angewendet wird, zu negativen Reaktionen, Misstrauen oder Aggressivität des Gegenübers führen. Aber gerade darum ist sie in unfairen Gesprächen eine häufige angewandte Waffe, denn in den meisten Fällen wird der Gegner reagieren – und zwar je nach gestellter Suggestivfrage. Damit lässt sich ein Gegner dann gezielt manipulieren:

Sie wollen doch sicher auch eine Ware, die …?

Sind Sie auch der Meinung, dass …?

Ganz sicher werden Sie mit mir darüber einig sein, dass …?

Die **Abwehr** dieser Frageart erfolgt am wirkungsvollsten, indem man sie als erkannt anspricht und die Beantwortung ablehnt oder mit einer Suggestiv-Gegenfrage antwortet:

Warum versuchen Sie, mich mit Suggestivfragen zu manipulieren? Halten Sie das für seriös?

Sie wollten mir ***doch sicher*** *keine Suggestivfrage stellen?*

Sie sind ***doch sicherlich auch*** *der Meinung, dass man auf Suggestivfragen nicht antworten sollte?*

Konjunktivfrage

Diese Frageart ist schon raffinierter, weil die Absicht nicht immer ohne Weiteres erkannt wird. Die Absicht ist es aber, über einen Umweg zum Ziel zu gelangen, sei es, um die Hindernisse zu umgehen, direkte Widersprüche zu vermeiden oder, noch einfacher, um den Gegner zum Sprechen zu veranlassen. Nach dem bereits erwähnten Grundsatz **Wer viel redet, bietet viel Breitseite** besteht insbesondere bei dieser Frageart die Möglichkeit, das Gesagte aufmerksam aufzunehmen und nach Punkten zu suchen, die mit der eigenen Absicht übereinstimmen – obwohl das der Gegner auf direktem Wege vermutlich nicht gemacht hätte. Damit aber lässt sich der Gegner regelrecht festnageln. Und lehnt er es dennoch ab, muss er sich den Vorwurf der Widersprüchlichkeiten gefallen lassen. Darauf lässt sich dann wieder mit anderen taktischen Mitteln erfolgreich aufbauen (z. B. Kombination Suggestiv- mit Alternativfrage):

Stellen Sie sich mal vor, Ihr Chef würde Ihnen 500 Euro schenken. Würden Sie das Geld annehmen? (Vertreter will damit den Vorteil seines Versicherungsangebots aufzeigen.)

Was, meinen Sie, würden Arbeitnehmer tun, wenn sie …? (Aus dem allgemeinen Beispiel einer Gruppe werden dann »logische« Einzelentscheidungen abgeleitet und als zwingend-vernünftige Lösungen dem Befragten vorgesetzt.)

Gesetzt den Fall, wir hätten zum Teilbereich A eine Lösung. Wie sähe dann Ihre Entscheidung aus? (Hier wird manipulativ versucht, den Wert und die Wichtigkeit des Angebotes überhaupt zu »installieren«, sodass letztlich nur der Teilbereich A gelöst werden muss.)

Bei der **Abwehr** der manipulativen Konjunktivfrage heißt es, vor allem bei eigenen Aussagen wachsam zu sein und die Schlussfolgerung des Fragestellers zu beanstanden – so oder so. Diese Fragemethode, Eventualfälle im Konjunktiv aufzugreifen und den

Befragten das (schlimme) Ergebnis selbst formulieren zu lassen, dürfte wohl die häufigste und erfolgreichste Form sein, die zum Beispiel manche Vertreter bei unerfahrenen Kunden anwenden. Anschließend wird auch nicht ein Kaufvertrag unterschrieben, sondern es werden die gemachten Angaben als »richtig bestätigt«. (Vertreter: »Ab wann sollen die Vereinbarungen gelten, ab sofort oder ab dem 1.4.? Dann hier bitte Ihre Bestätigung, dass die gemachten Angaben richtig sind!«)

Abwehrfragen sind:

Ihre Vergleiche sind ja sehr originell. Aber sie ändern nichts an der Tatsache, dass …!

Jetzt nehmen Sie doch bitte mal ein Beispiel, wo das (schlimme) Ergebnis nicht eintritt, und sagen Sie mir dann, warum ich Ihr Angebot annehmen soll? (Dabei jedoch hartnäckig bleiben, insbesondere wenn er ablenken will!)

Jede Medaille hat zwei Seiten. Die eine haben Sie dargestellt. Wo bleibt die andere Seite?

Die Fangfrage: eine teuflische Frageart

Diese Frageart (gelegentlich auch bezeichnet als »Gestapo-Frage« oder »Stasi-Frage«) ist eine indirekte Frage zum Ermitteln eines Sachverhaltes, der nicht *direkt* erfragt werden kann oder soll – aber auch, um jemanden »reinzulegen«. In der Kriminalistik sind Fangfragen ein beliebtes Mittel, um einen Bösewicht zu überführen. Und aus dem Gerichtssaal kennt man den Einsatz dieser Frageart, um zum Beispiel einen Mandanten zu entlasten oder einen Kläger zu Fall zu bringen.

Im seriösen Verkaufsgespräch ist die Fangfrage verpönt und wird, wenn sie als solche erkannt wird, auf Ablehnung und Verärgerung stoßen. Für unfaire Verhandler ist sie jedoch ein willkommenes teuflisches Instrumentarium, um Informationen zu gewinnen, mit denen der Gegner reingelegt werden kann. Sie wird zumeist sehr subtil eingesetzt, selten als direkte Frage. Oftmals spielen Unterstellungen oder vermutete Informationen eine Rolle, die in Fragen eingewoben werden, welche somit Fangfragen sind.

Zunächst ein einfaches Beispiel. Ein Chef möchte von einem Bewerber wissen, ob er ein Auto hat, will das aber nicht direkt erfragen. Er fragt also: »Haben Sie einen Parkplatz gefunden?«

Ein anderes Beispiel. Jemand möchte in einer fremden Stadt zur Rotlicht-Bar »Eva«, die irgendwo in Bahnhofsnähe liegt, will das aber nicht direkt erfragen. Er fragt also:

Pardon, wo geht es denn hier zum Bahnhof?

Diese Straße geradeaus und dann die zweite Ampel links.

Ach, das ist ja gleich bei dieser Bar »Eva«?

Nee, die Eva-Bar ist jene Straße geradeaus und dann die fünfte Ampel rechts.

Oh, vielen Dank!

Während eines Geschäftsessens wurde ich Zeuge wie ein (weit gereister und erfahrener) Geschäftsmann die Prahlereien seines Tischnachbarn mit zwei einfachen Fangfragen entlarvte. Dieser sprach nämlich unentwegt davon, wo er schon überall gewesen sei und was er dort erlebt habe. Oft nannte er berühmte Hotels und Restaurants in anderen Ländern, in denen er (angeblich) schon zu Gast war. Als er über ein bekanntes New Yorker Hotel sprach, stellte ihm der Geschäftsmann eine Falle:

Ach, sagen Sie, haben die denn endlich die Bar-Theke fertig umgebaut, die sollte doch zu einem Halbrund verändert werden?

O ja, äh … das haben die so verändert!

Und ist dieser dicke Schwarze, so ein lustiger Typ, noch Barkeeper?

Klar! Was meinen Sie, was wir für einen Spaß hatten, wenn wir andere Gäste beobachteten!

Reingefallen! Der Geschäftsmann kannte das Hotel nämlich gut, weil er sich sehr häufig dort aufhielt. Weder gab es in diesem Hotel eine Bar im Halbrund, noch war jemals ein Schwarzer dort Barkeeper gewesen.

Nicht mit jeder Frage kann man den Gegner fangen, aber oftmals lassen Antworten schon ganz bestimmte Vermutungen zu, die dann weiterverwertet werden können. So war die Frage »Sind Sie für oder gegen den Golfkrieg?« nicht vom Charakter einer Fangfrage frei, denn je nachdem, was geantwortet wurde, konnte man sich so seine Gedanken machen. Dasselbe gilt auch für die Frage: »Sind Sie für oder gegen Abtreibung?« Bei der Antwort »Ich bin dagegen« ein Hinweis auf die Zugehörigkeit zu einer bestimmten politischen Partei? Vielleicht kirchlich engagiert? Bei Befürwortung ein Hinweis auf Zugehörigkeit zum anderen politischen Lager? Sympathie mit der Frauenrechtsbewegung? Ein ablenkendes Gespräch auf einen »Nebenkriegsschauplatz« kann letzte Klarheit schaffen (z. B. Gespräch auf Repräsentanten von Gegnern oder Befürwortern der Abtreibung bringen).

Stichwort »Industrie-und Wirtschaftsspionage« – stets aktuell. Im vorigen Jahrhundert pilgerten beispielsweise ganze Heerscharen von Japanern, bewaffnet mit Fotoapparaten, zur Spielzeugmesse nach Nürnberg. Und wenig später – o Wunder – wurden ähnliche Produkte »Made in Japan« bei uns angeboten; wesentlich billiger, versteht sich. In der heutigen Zeit sind es vor allem die Chinesen, die in manchen Bereichen schamlosen Ideen- und Know-how-Diebstahl betreiben. Der chinesische Markt ist zweifelsohne ein exorbitant wichtiger Absatzmarkt für deutsche Unternehmen. Wenn man jedoch zur Kenntnis nehmen muss, dass unter anderem chinesische Beteiligungen und die Offenlegung von technischem Wissen Voraussetzung sind, fällt einem schnell das Wort von Lenin ein, der sagte, dass die Kapitalisten auch noch den Strick liefern, an dem sie aufgehängt werden.

Wer glaubt, bei Industriespionage schleiche ein auffällig unauffällig gekleideter Täter mit Kamera durch Werksgelände, hat zu viele primitive Spionagefilme gesehen – auch wenn es da und dort einem Reporter gelingt, einen »Erlkönig« (getarnter, probehalber eingesetzter Wagen eines neuen Autotyps) zu fotografieren und zu veröffentlichen. Es geht hier um andere Infos, zum Beispiel wie hoch die Rendite, der Automatisierungsgrad, der Lagerumschlag usw. sind, denn damit hat ein Wettbewerber exzellente Daten und Hinweise, um zu reagieren.

In der Industrie- und Wirtschaftsspionage wird sehr häufig mit Fangfragen gearbeitet. Das kann im Kleinen wie im Großen stattfinden. Der kleine Handwerksmeister, der gerne wissen möchte, welche Aufträge, Auslastungen und Absichten sein ärgster Wettbewerber hat, wird einen verschlagenen, redegewandten Mitarbeiter ins Wirtshaus schicken, wo »nachgeordnete« Mitarbeiter des Wettbewerbers freitagabends ihr Bier trinken. Der Biertischkontakt ist schnell hergestellt; der Rest ist eine Frage von Bierkonsum (Freibier, versteht sich!), Kumpel-Atmosphäre und Fangfragen, die geschickt mit anderen Fragen vermischt werden (zuerst Arbeitsbelastung, dann Geld, Fußball, Frauen usw.).

Etwas diffiziler musste der Mitarbeiter eines holländischen Konzerns vorgehen. Der Konzern wollte ein gesundes mittelständisches Unternehmen der produzierenden Bauwirtschaft kaufen, um einen Fuß in den deutschen Markt zu bekommen. Dafür musste er aber wissen, wie der Betrieb strukturiert ist, wie hoch der Auslastungsgrad, der Maschinenstand, Auftragsbestand und vor allem die Rendite sind, um bei eventuellen Verkaufsverhandlungen nicht übervorteilt zu werden. Aus den üblichen Industrie-Informationen konnte der Mitarbeiter zwar einiges erfahren (Umsatz, Mitarbeiterzahl, Gründungsjahr, Beteiligungen, Geschäftsleitungsname usw.), aber wer veröffentlicht schon seine wahre Rendite und andere »Betriebsgeheimnisse«.

Der Mitarbeiter wusste, dass er nicht den kaufmännischen Leiter aushorchen konnte, denn Kaufleute sind meistens misstrauisch gegenüber allzu neugierigen Fragen. Er wählte den technischen Leiter, weil Techniker meist stolz auf ihre Maschinen und Produktionsanlagen sind. »Und wer stolz ist, redet auch, denn sonst hat der Stolz wohl wenig Sinn« – so die sicher nicht falsche Logik des Mitarbeiters. Unter dem Vorwand, an einem europäischen Forschungsvorhaben mitzuarbeiten, nahm er Kontakt mit dem technischen Leiter auf, und dieser führte ihn kurz darauf – stolz, versteht sich – durch den Betrieb. Und durch entsprechende Fangfragen erfuhr er alles, was er wissen wollte:

Mitarbeiter: *Ach, das ist doch die Produktionsanlage des belgischen Herstellers XY, Baujahr 1998?*

Techn. Leiter: *Um Gottes willen, die hatten wir bis vor drei Jahren; die hatte ja einen Ausschuss von 15 Prozent. Nein, das ist die neue englische Produktionsstraße BBB, die macht nur 3 Prozent Ausschuss bei einem heutigen Auslastungsgrad von fast 98 Prozent. EDV-gesteuert. Wir haben 30 Prozent weniger Personal. Und die ist außerdem erweiterungsfähig. Schau'n Sie dort, da wollen wir erweitern.*

Mitarbeiter: *Na, bei dem hohen Auslastungsgrad wird das sicher bald geschehen, damit Sie sich einen hohen Marktanteil sichern?*

Techn. Leiter: *Ja, aber die finanziellen Forderungen für die Grundstücke sind sehr hoch, dadurch sind die Verhandlungen mit dem Nachbarn für unsere Hallenerweiterung noch nicht abgeschlossen. Zunächst war ja geplant, ab Sommer 2018 die erweitere Produktion um 40 Prozent zu steigern. Und das müssen wir auch, denn der Markt …* usw.

Der Rest war sehr einfach. Aus den Daten eines niederländischen Tochterunternehmens der gleichen Produktbranche und gleichen Unternehmensgröße, bei dem alle Infos vorlagen, sowie wichtigen technischen Angaben des englischen Maschinenherstellers konnte nun ein Vergleich erstellt werden, der relativ genau eine Einschätzung insbesondere über die Rendite, aber auch anderer Daten zuließ, die für Verhandlungen sehr wichtig waren. Der Rechercheaufwand betrug insgesamt eine Woche. Der holländische Konzern erwarb zunächst bei dem deutschen Unternehmen eine hohe Beteiligung, zwei Jahre später wurde das Unternehmen ganz übernommen.

Die beste **Abwehr** von Fangfragen besteht darin, vor allem sehr misstrauisch gegenüber indirekten Fragen zu sein, erkannte Fangfragen als solche anzusprechen oder/und Gegenfragen zu stellen. Sehr gefährlich ist es (weil man das können muss!), auf erkannte Fangfragen mit falschen Angaben und Infos zu antworten, um den Gegner irrezuleiten. Die Gefahr besteht nämlich darin, dass man sich in falschen Aussagen verstrickt, widerlegt wird und somit der Gegner jeden eigenen taktischen Angriff misstrauisch prüft. Sicherer ist hierbei die Gegenfrage:

Was ist der Hintergrund Ihrer Frage?

Das hört sich nach einer Fangfrage an. Was wollen Sie konkret wissen?

Warum ist gerade diese Information für Sie so wichtig?

Als rhetorischen Leckerbissen für satanische Verhandler und auch für ihre Gegner, die sich erfolgreich wehren wollen, habe ich aus meiner Praxis und aus Veröffentlichungen typische Fangfragen, die Absichten dahinter sowie die falschen und richtigen Antworten darauf gesammelt und übersichtlich zusammengestellt.

Das Muster ist stets gleich: Der satanische Verhandler stellt einfache, scheinbar eher belanglose Fragen. Doch die Fragen haben es in sich. Man kann eine »falsche« Antwort geben, aus der die Motivation beziehungsweise die Einstellung hervorgeht. Nicht nur in den meisten TV-Krimiserien sind bei einem Verhör Fangfragen die wertvollsten und ergiebigsten Mittel, dem Finsterling hinter seine üblen Schliche zu kommen. Auch bei Bewerbungsgesprächen kann der Chef damit herausfinden, ob der Bewerber für den ausgeschriebenen Job der Richtige ist. Heutzutage bereiten sich Bewerber vor allem auf die – schon lächerliche – Frage vor: »Was sind Ihre größten Nachteile und Vorzüge?« Ausgebuffte Personalchefs oder Personalberater gehen jedoch viel diffiziler und raffinierter vor, indem sie nicht mit direkten, sondern mit Fangfragen agieren:

Frage: Hätte Ihre Frau etwas dagegen, wenn Sie mal Überstunden machen oder spontan ins Ausland müssen?
Falsche Antwort: »Ach, gar kein Problem. Meine Frau ist sehr tolerant. Und die Familie weiß, dass sie jetzt hintenansteht.«
Darum geht es wirklich: Regel: Der Bewerber soll sich nicht anbiedern und signalisieren, dass er alles für den Job tun würde. Der Chef will nur wissen, ob er leistungsbereit ist und dennoch Grenzen setzen kann – das schafft Respekt.
Richtige Antwort: »Meine Frau wäre wohl manchmal nicht begeistert, aber sie würde es akzeptieren. Trotzdem bin ich nicht bereit, Tag und Nacht zu arbeiten.« Perfekt der Zusatz: »Im Übrigen glaube ich nicht, dass diejenigen, die am längsten arbeiten, unbedingt die Effizientestes sind.«

Frage: Sind Sie Teamplayer oder Einzelkämpfer?
Falsche Antwort: »Teamplayer.«
Darum geht es wirklich: Der Chef weiß, dass diese Antwort als sozial erwünscht gilt – so hat sie für ihn keine Aussagekraft. Der Chef will eine differenzierte Antwort mit konkreten und glaubwürdigen Beispielen, die etwas Persönliches aussagen.

Richtige Antwort: »Ich glaube, keiner ist nur der eine oder andere Typ. Ich zum Beispiel habe die Entscheidung, für den Job nach Hamburg zu ziehen, ganz alleine getroffen. Wenn es aber um die Kinder geht, bespreche ich immer alles gemeinsam mit meiner Frau.«

Frage: Finden Sie nicht auch, dass Sie für diese Position zu unerfahren sind?«
Falsche Antwort: »Ach, ich glaube schon, dass ich das schaffe.« Genauso tabu: beleidigt reagieren oder eine patzige Antwort: »Warum haben Sie mich dann herbestellt?«
Darum geht es wirklich: Mit sogenannten Stressfragen, die provozieren, will der Chef das Selbstvertrauen des Bewerbers testen und vor allem wissen, wie er unter Druck reagiert – der Inhalt des Gesagten ist zweitrangig
Richtige Antwort: Knapp, ruhig und sachlich antworten, etwa so: »Diese Ansicht teile ich nicht. Ich traue mir sehr wohl zu, die anstehenden Probleme zu lösen.«

Frage: Was wollen Sie in fünf Jahren erreicht haben?
Falsche Antwort: »Eine führende Position haben.« Auch nicht: »Ich bin vollkommen zufrieden.« Und schon gar nicht: »Das lasse ich mal auf mich zukommen.« Das signalisiert keine Zielvorstellung.
Darum geht es wirklich: Der Chef will wissen, ob die Firma nur ein Sprungbrett für den nächsten Wechsel ist. Es sollten nur Ziele angegeben werden, die im Unternehmen möglich sind und die nicht geeignet sind, den Chefsessel anzusägen. Auch tabu: Signalisieren, dass man die Rente abwartet.
Richtige Antwort: »Ich will in dieser Firma/Abteilung mehr Verantwortung tragen.« Mutig die Nachfrage: »Welche Aufstiegschancen können Sie mir bieten?«

Frage: Warum sollten wir uns für Sie entscheiden?
Falsche Antwort: »Ich habe mehr Erfahrung als die anderen und bin besonders motiviert.«
Auch falsch, eine flapsige Antwort: »Weil ich einfach der Beste bin!«
Ebenso falsch: Blöd lachen bei der Frage, Schulterzucken oder Ähnliches.
Darum geht es wirklich: Hier geht es darum, zu erfahren, ob der Bewerber weiß, was ihn erwartet. Richtig: Mit einer Eigenschaft antworten, die am neuen Arbeitsplatz die wichtigste sein könnte, und diese kurz ausführen.
Richtige Antwort: »Ich kann sehr überzeugend sein. Wenn ich zum Beispiel aus einem Verkaufsgespräch herausgehe, passiert es, dass der Kunde mehr kauft, als er ursprünglich wollte. Also nachhaken und dranbleiben – das ist wichtig.«

Frage: Gesetzt den Fall, Sie hätten 5 Millionen Euro im Lotto gewonnen. Was würden Sie tun?
Falsche Antwort: »Erst mal Urlaub machen, tolles Auto kaufen usw.!« Oder: »Das Haus von meiner Frau/unser Haus abbezahlen …!« Ebenso falsch sind flapsige Antworten: »Ich lade Sie und Ihre Familie ein …« Auch nicht richtig: »Ich würde fleißig weiterarbeiten!« Das gilt als sozial erwünschte Antwort.
Darum geht es wirklich: Der Chef will etwas über die Arbeitsmotivation erfahren. Es ist ganz egal, was der Bewerber antwortet: Jede Antwort ist falsch! Eine Konjunktiv-Frage ist eine Frage, die nach verborgenen Wünschen sucht. Man soll etwas sagen, was man sonst nicht preisgibt
Richtige Antwort: »Wenn es so weit ist, werde ich es wissen!« Oder: »Ich beschäftige mich nicht mit hypothetischen Fragen.« Wichtig ist, dass auch bei energischem Nachfragen der Bewerber bei seiner Ablehnung einer Antwort auf diese Fangfrage bleibt. Der Bewerber darf sich nicht ins Bockshorn jagen lassen!

Folgender Fall: Sie haben für heute Abend Theaterkarten – Ihre Frau freut sich schon riesig. Da werden Sie dringend zu einer Baustelle gerufen – der Theaterbesuch droht zu platzen. Was tun Sie?

Falsche Antwort: »Die Arbeit geht vor. Theater kann man immer noch mal besuchen!« Auch falsch: »Da muss ich mich für den Theaterbesuch entscheiden, sonst gibt's Ärger mit meiner Frau!«

Darum geht es wirklich: Der Chef will erfahren, welche Prioritäten der Bewerber in solchen Konfliktsituationen setzt. Eine generell richtige Antwort gibt es in diesem Fall nicht. Für den Chef ist aber die Antwort des Bewerbers wichtig.

Richtige Antwort: »Das ist eine fatale Situation. Ich werde bei einem wichtigen privaten Termin vorher genau prüfen, was auf mich zukommen kann – und in jedem Fall für eine geeignete Delegierung sorgen.«

Auch möglich: »Wenn ich in diese Situation käme, wüsste ich es!«

Frage: Einige Kunden haben sich über das pampige Verhalten eines Mitarbeiters beschwert. Der bestreitet das jedoch, als Sie ihn befragen. Was tun Sie?

Falsche Antwort: »Der wird sofort abgemahnt!«, »Der wird erst mal eingenordet!« oder: »Ich gebe ihm noch eine kleine Chance, dann knallhart entlassen!« usw.

Darum geht es wirklich: Der Chef will wissen, ob Sie Mitarbeiter führen und motivieren können. Der Bewerber muss sich als Führungskraft für Gründe, Motive eines Mitarbeiters interessieren, um ihn motivieren zu können.

Richtige Antwort: »Entscheidend sind die Gründe, die Motive, die zu seinem Verhalten geführt haben. Die werde ich versuchen herauszufinden, um gemeinsam mit ihm zu einer Lösung zu kommen. Wichtig für das Ziel und die Aufgaben der Firma sind motivierte Mitarbeiter.«

Frage: Was hat Sie in Ihrer bisherigen Arbeitsstelle am meisten gestört, oder anders gefragt, was darf bei einer neuen Arbeitsstelle auf gar keinen Fall passieren/vorkommen?
Falsche Antwort: »Die ganze Schreierei. Ich kann es nicht leiden, wenn immer nur geschrien wird«, »Das Lügen. Ich wurde ständig angelogen!« (Von Mitarbeitern, Chef, Kunden usw.).
Darum geht es wirklich: Das ist eine ganz klare (fiese) Fangfrage. Hier will der Chef herausfinden, was den Bewerber tatsächlich gestört hat – und ob das vielleicht im neuen Unternehmen auch auftreten könnte, vor allem von seiner Seite.
Richtige Antwort: »Mir geht es einzig und allein um die Aufgaben, die ich zu lösen habe.« Oder: »Herausforderungen sind das täglich Brot für Führungskräfte. Ich bin darauf vorbereitet.« Auch bei Nachfragen sollte der Bewerber standhaft bleiben.

Eine klassische Situation: Vor Ihnen sitzt der Kunde; über alles ist gesprochen und verhandelt worden. Jetzt müsste er unterschreiben. Macht er aber nicht. Was tun Sie?
Falsche Antwort: »Wenn er gar nicht will, vereinbare ich einen neuen Termin!«, »Ich sage gar nichts. Auch Schweigen kann zum Auftrag führen!« oder »Tja, da kann man wenig machen …!«
Darum geht es wirklich: Hartnäckigkeit in Theorie und Praxis sind zweierlei. Der Chef will wissen, ob der Bewerber wirklich »am Ball bleibt« oder aufgibt. Was fällt dem Bewerber ein, um aktiv zu werden?
Richtige Antwort: »Das ist eine ganz übliche Situation. Hier ist es wichtig, dass man die richtigen Fragen stellt, um nicht den Anschluss zu verlieren. Die Regel lautet: Wenn Endpreise verhandelt werden, muss man ins Detail gehen!«

Frage: Ein Mitarbeiter kommt zu Ihnen und möchte eine Gehaltserhöhung haben. Das Tarifgefüge darf aber nicht gestört werden – außerdem ist die wirtschaftliche Lage der Firma im Moment nicht gut. Was ist zu tun?
Falsche Antwort: »Also, ganz einfach: Was nicht geht, das geht nicht! Fertig!« Oder: »Ich mache ihm klar, dass die momentane Situation der Firma … usw.!« Auch falsch: den knallharten Typen spielen.
Darum geht es wirklich: Der Chef will wissen, ob Sie sich wirklich für die Belange der Mitarbeiter interessieren, ob Sie führen und motivieren können oder ob Sie in alten Denkmustern verhaftet sind.
Richtige Antwort: »Warum wollen Sie mehr Geld?«, »Was sind Ihre Gründe?« Der Bewerber muss darauf achten, welche Motive den Mitarbeiter veranlasst haben, zu ihm zu kommen. Allgemeinplätze (pünktlich, gesund, fleißig usw.) dürfen nicht akzeptiert werden, dafür hat der Mitarbeiter sein Geld bekommen. Richtig: Gründe erfragen, besprechen.

Skurrile Fragen:

Auf den ersten Blick ist man geneigt, diese Fragen nicht ernst zu nehmen. Aber das sehen Personalchefs ganz anders. Auch den Befragten begegneten solche Fragen nicht selten, die übrigens mehrheitlich von Psychologen erstellt und veröffentlicht wurden. Mit einem Professor für Personalwirtschaft habe ich in den 80er-Jahren des vorigen Jahrhunderts solche skurrilen Fragen als Prüfkriterien erarbeitet, um bei der Suche und Auswahl von Führungskräften die Bewerber zu verblüffen – und um so ihre Reaktion zu beobachten. Insbesondere die Kandidaten der oberen Couleur waren auf solche Fragen nicht vorbereitet. Und so konnten wir aus ihren Reaktionen und Antworten wichtige Erkenntnisse über die Persönlichkeit eines Bewerbers gewinnen, die wir durch übliche Sachfragen nicht hätten ermitteln können. Ein sehr wichtiges

Kriterium war zum Beispiel die Erkenntnis, wie souverän – oder auch nicht – diese potenzielle Führungskraft mit Stress, Beschuldigungen, Unterstellungen, Unverschämtheiten usw. sowie mit privaten, intimen Fragen umgehen kann. Die Palette ist wahrlich skurril und oft auch nicht zulässig – daher nur zwei Beispiele:

Frage: Warum sind viele Kanaldeckel rund?
Darum geht es wirklich: Weil es die einzige Form ist, die nicht verkanten und somit in den Kanalschacht rutschen kann. Aber ob ein Bewerber die technisch richtige Antwort weiß, ist vollkommen unerheblich. Der Chef will mit allem herausfinden, ob der Bewerber gedanklich flexibel ist.
Richtige Antwort: »Darüber habe ich mir noch keine Gedanken gemacht. Aber in diesem Bereich muss ich mich zum Glück nicht auskennen.« Mutig: »Ich hoffe, die Position hat Mitarbeiter, die das nach meiner Anweisung übernehmen.«

Frage: Sie müssen sich als Chef zwischen drei fachlich gleichwertigen Bewerbern entscheiden. Einer ist offen homosexuell, der andere arabisch-türkischer Abstammung und der dritte ein Deutscher aus dem Ort unseres Unternehmens. Ihre Wahl fällt voraussichtlich auf wen?
Darum geht es wirklich: Man will herausfinden, ob Sie Vorurteile haben (z. B. Ausländerfeindlichkeit). Diskriminierung kann üble Folgen haben, abgeleitet vom Artikel 3, Abs. 3 unseres Grundgesetzes. Es geht um Ihre Fähigkeit zur Führung und Motivation von Mitarbeitern.
Richtige Antwort: »Ich stehe fest auf dem Boden unseres Grundgesetzes, in dem der Artikel 3, Abs. 3 Bevorzugung und Benachteiligung regelt. Es müssen also andere Kriterien herangezogen werden, um letztlich eine Entscheidung zu treffen, wie zum Beispiel Persönlichkeit, Belastbarkeit, Weiterbildungswille und -fähigkeit, soziale und betriebliche Integration usw.«

Die Goldfrage

Jeder kennt den Spruch: »Der Teufel steckt im Detail!« Meine Antwort darauf war stets: »Und wo steckt der liebe Gott?« Gibt es eine Frageart, um aus einem Dilemma zu kommen beziehungsweise sich gegen einen unfairen Verhandler zu wehren?

Oftmals scheitern Verkaufsgespräche, weil der Verkäufer nicht mehr weiter weiß, wie das folgende Beispiel zeigt:

> Außendienstmitarbeiter Anton Schubert hat ein Verkaufsgespräch in einem Möbelgeschäft. A. Schubert weiß, es geht um einen lukrativen Abschluss, und darum hat er sich gut vorbereitet. Er trägt seine Verkaufsargumente vor, beantwortet die Fragen des Kunden … und dann? Dann müsste er eigentlich dem Kunden den Stift reichen und sagen: »Bitte hier unten rechts unterschreiben.« Doch es passiert nicht. Im Gegenteil. Der Kunde lehnt sich zurück, verschränkt die Arme und macht eine zweifelhafte Mimik. Schweigen.
>
> Dann sagt der Kunde: *Okay, Herr Schubert, ich werde mir das alles noch mal überlegen, und ich rufe Sie dann an!*
>
> *Haben Sie meine Nummer? Sonst gebe ich Ihnen nochmals mein Kärtchen …?*
>
> *Ja, ja, hab ich. Nummer steht ja hier! Also, bis dann, Herr Schubert. Äh, Sie finden ja alleine raus?*

Raten Sie mal, wie viel Prozent aller Verkaufsgespräche so stattfinden – oder besser: enden? »Was jetzt tun?« – das war die häufigste Frage von Teilnehmern bei Verkaufsseminaren. Es ist alles gesagt, die technischen Details sind erläutert, die Lieferzeiten besprochen und die Preise genannt. Aber es tut sich nichts.

Was kann man nun tun? Für solche Fälle habe ich die »Goldfrage« konzipiert, eine hervorragende Methode, die aus den sogenannten fairen Verhandlungen kommt. Ich nannte sie so, weil sie Gold wert ist. Es geht im Kern darum, die Sprachlosigkeit zu überwinden. Bleiben Sie immer in der Aktion und **fragen** Sie!

Die sichere Regel lautet:
Wer fragt, ist in der Aktion!
Wer antwortet, ist in der Reaktion!

Die Goldfrage lautet:
Was ist für Sie das Wichtigste?
oder/und **Was darf auf gar keinen Fall passieren?**

Damit wird ein Gespräch, in dem bereits alles gesagt wurde, wieder flottgemacht. Jetzt heißt es Ohren auf und einhaken, zum Beispiel aus Nachteilen Vorteile machen. Ein Beispiel:

Auf die Goldfrage antwortet der Kunde: *Es darf nicht zu teuer werden!*
Jetzt erwidern Sie: *Das ist bestimmt mit das Wichtigste. Darum haben wir ja auch bei der Preisgestaltung …* usw.

Es geht schlicht darum, ein Gespräch lebendig zu halten. Die Goldfrage lässt sich hervorragend einsetzen, wenn es in der Verhandlung nicht so läuft wie geplant. Sie ist eine Art »Notbremse«, die stets in der Lage ist, den Zug aufzuhalten, ihn umzulenken, wenn er in die falsche Richtung fährt.

Gesprächstechniken – unfair eingesetzt

Die Ich-Botschaft und die Du-Botschaft

Um die Wirksamkeit beider »Botschaften« – mit denen man ausgezeichnet manipulieren kann – zu verstehen, muss man etwas über ihren Hintergrund wissen: Bei den meisten Menschen besteht eine Diskrepanz zwischen dem, was sie erreichen wollten (wie sie gerne wären), und dem, was sie erreicht haben (wie sie sind). In der Psychoanalyse spricht man vom »Ich-Ideal«. Darunter versteht man das Vorbild und ideale Selbstbild, das eine Person, ausgehend von ihren subjektiven Erfahrungen und angereichert mit Ansprüchen und Erwartungen, von sich selbst entwirft (Selbstbild).

Eine Ich-Ideal-Diskrepanz entsteht allerdings dann, wenn eine Nichtübereinstimmung zwischen dem Ich-Ideal und der Ich-Realität besteht, also die Umwelt mich anders sieht als ich mich selbst. Für manche bedeutet eine solche Erkenntnis Ansporn zur positiven Aktivierung, für andere wiederum führt es zu neurotischen Spannungen.

Entscheidend ist dabei, dass bei allen Prozessen das Unterbewusstsein reaktiv beteiligt ist. Seit frühester Kindheit haben wir Lob und Kritik gehört, die sich tief in unserem Unterbewusstsein festgesetzt haben. Bei vielen Menschen überwiegt dabei die Kritik, die sie noch in guter Erinnerung haben: »Das kannst du nicht!«, »Du stellst dich immer dumm an«, »Das schaffst Du nicht« usw. Das Aufkommen negativer Gedanken ruft eine Reaktion mit dem Unterbewussten hervor und verstärkt somit einen negativen Prozess, der in der Folge dann ein Vorhaben, eine Leistung, eine Absicht zum Scheitern bringt: »Das kann ich nicht!«, »Das schaffe ich nicht!«, »Da habe ich doch keine Chance!« usw.

Doch in unserem Unterbewusstsein sind nicht nur negative, sondern auch positive Erfahrungen gespeichert: »Ich kann das!«, »Ich kann die Situation verändern!«, »Ich kann mir und den anderen helfen!« usw. Damit ist auch eine Reaktion möglich, die einen positiven Prozess begünstigt.

Diese Erkenntnisse aus der Psychoanalyse sind der Hintergrund, wenn man Sinn und Wirksamkeit einer Du- oder Ich-Botschaft erkennen will. Die Ich-Aussage ist das Gegenteil der Du-Aussage, die eigentlich als Du-Anklage bezeichnet werden müsste. Beispielsweise können Sie in einem Gespräch zu Ihrem Partner sagen: »Sie haben mich in die Sonne gesetzt!« (Du-Aussage) Als Ich-Aussage formuliert, müsste es heißen: »Die Sonne blendet mich!«

Eine Ich-Aussage setzt den Mut voraus, zu den eigenen Gefühlen zu stehen und sie auch zu benennen. Es ist in Gesprächen ein großer Unterschied, ob Sie sagen:

Sie haben mich beleidigt! (Du-Aussage) oder

Ich fühle mich beleidigt!

Mit einer Du-Aussage können Sie damit rechnen, dass der Vorwurf der Beleidung bestritten wird. Mit der Ich-Aussage wird eher ein schlechtes Gewissen beim Partner erzeugt; sie kann zur positiven Klärung führen. Und damit lässt sich nun ausgezeichnet manipulieren. Man kann bewusst, gezielt, aber dennoch sehr höflich in einer Verhandlung nur mit Du-Botschaften arbeiten, um den Gegner langsam, aber sicher zu Überreaktionen zu veranlassen:

Sie sollten mal …!

Sie haben doch gesagt, dass …!

Sie haben mich falsch verstanden!

Das ist ein Problem, das Sie zu lösen haben!

Sie sind es doch gewesen, der …! usw.

Wer es nun fertigbringt, massive Anschuldigungen des Gegners mit Ich-Botschaften aufzufangen (obwohl er selbst nur Du-Botschaften verwendet), schafft psychologisch gute Voraussetzungen für ein Klima, das der Gegner zu verantworten hat und das man ihm auch vorwerfen kann. Je nach Reaktion kann man nun wieder mit anderen Taktiken operieren.

Der Bluff mit Fremdwörtern

Es gibt viele Zeitgenossen, die stets damit brillieren wollen, dass sie mit Fremdwörtern um sich werfen. Dies ist häufig billiges Profilieren und allzu oft der klägliche Versuch, Eindruck zu schinden – verbunden mit dem Manöver, mangelndes Experte-Sein zu vernebeln. Aber das Spiel, den Gegner mit Fremdwörtern, verbunden mit Fachausdrücken und Redewendungen einer anderen Sprache, zu verwirren, um ihm auf diesem Wege Widersprüche nachweisen zu können oder ihn – was nicht unterschätzt werden sollte – auf sprachlich-psychologischem Wege zu demoralisieren, ist ein meist sehr erfolgreiches Spiel. Nicht selten gehört es auch in den Bereich »sprachliches Imponiergehabe«.

In einem wissenschaftlichen Text über Kommunikation fand ich einen mit Fremdwörtern total überlasteten, unsinnigen Satz:

Wer eine permanente kommunikative Insuffizienz eliminieren will, um selbst eine restriktive Enkulturation zu verhindern, und vice versa die emotionale Internalisierung präformiert, sollte auf eine eigene utilitäre Eloquenz quasi als Conditio sine qua non rekurrieren und insolente Insimulationen negieren, die ohnehin nur affektlabile Loquazitäten induzieren.

»Übersetzt« man das ins Deutsche, dann zeigt sich, dass durch die Vielzahl von unnötigen (zum Teil auch unsinnigen) Fremdwörtern eben das verhindert wird, was mit dem Satz ausgedrückt werden soll, nämlich: Wer sich mit anderen gut verständigen will, sollte auf seine eigene Beredsamkeit achten und nicht unverschämte Verdächtigungen aussprechen.

Natürlich wird ein ausgebuffter Gegner nicht Fremdwörter wie eine Perlenkette aneinanderreihen, sondern er streut einzelne Fremdwörter in seine Rede ein. Eine perfide Vorgehensweise ist es, einzelne bekannte Fremdwörter (z. B. Kommunikation, Information, Deformation usw.) nach dem Aussprechen zu erklären. Er rechnet selbstverständlich damit, dass sein Gegenüber mit »Ich weiß« oder Ähnlichem reagiert. Nach einigen Erklärungen steigert er den Schwierigkeitsgrad, indem er Fremdwörter verwendet, von denen er annehmen kann, dass diese seinem Gegenüber nicht (alle) bekannt sind. Doch sein Gegenüber wird nicht mehr fragen, sondern nur nicken – und akzeptieren! Mit dieser Methode rekurriert er auf den »Mathestunden-Effekt«. Wer hätte nicht das Schulerlebnis gehabt, irgendwann einmal zu Beginn einer Mathestunde etwas nicht verstanden, jedoch nicht gefragt zu haben? Und zum Ende der Stunde zu fragen hätte doch bedeutet, sich tüchtig blamiert zu haben. Allerdings: »Fremdwörter sind Glückssache«, sagt der Volksmund. Und peinlich, wenn sie falsch verwendet werden und der Gegner dabei ertappt beziehungsweise entlarvt wird.

Die Abwehr gegen die Methode, mit Fremdwörtern zu bluffen, erfordert Selbstbewusstsein. Und nicht jede Situation ist geeignet, nach dem Sinn eines verwendeten Fremdwortes zu fragen. Erkanntes »Nichtwissen« kann auch peinlich sein. Aber gefährlich wäre es, nichts zu tun. Eine erfolgreiche Abwehr (in diesem Fall »Gegenwehr«) besteht darin, selbst schwierige Fremdwörter zu verwenden, um so zu demonstrieren, dass man »mithalten« kann. Wer das nicht kann, sollte mit dem bewährten Instrument der Frage arbeiten. Diese lässt sich hierzu in unterschiedlichen »Härtegraden« einsetzen:

Sie sagten gerade »Insuffizienz«. Was meinen Sie genau damit? oder: *Worauf kommt es Ihnen dabei konkret an?*

Was verstehen Sie in unserem Zusammenhang konkret unter Insuffizienz? Und nach der Erklärung: *Ist das eigentlich das treffende Fremdwort? Wir müssen doch bedenken …!*

Können Sie das, was Sie ausgeführt haben, nochmals in einem Satz zusammenfassen?

Sie verwenden auffällig viele Fremdwörter. Ist Ihnen die deutsche Muttersprache ausgegangen?

Oder scherzhaft: *Der Usus der Fremdwörter sollte prinzipiell auf ein Minimum reduziert werden!*

Die Pause als Vorwurf

Wer als Verhandlungspartner von seinem Kunden eine gänzlich überzogene Forderung gestellt bekommt, reagiert unmittelbar (»Das ist völlig ausgeschlossen, unmöglich!« usw.). Je nach Partner, Situation und Forderung kann aber auch folgende Taktik eingesetzt werden: Ruhig, also ohne abwehrende Mimik und Gestik zuhören und dann den Gegner entweder sehr ernst oder eventuell auch lächelnd ansehen und schweigen – und zwar so lange, bis dieser von sich aus etwas sagt. Und er wird etwas sagen, denn die Pause wirkt als Vorwurf, eine unseriöse Forderung gestellt zu haben.

Wird diese Technik gegen Sie eingesetzt, besteht die **Abwehr** darin, keinesfalls nervös zu werden und draufloszureden (wie es sehr viele Verkäufer fälschlicherweise tun!), sondern eine offene Frage zu stellen: »Welche Informationen benötigen Sie noch?«

Die Sache mit dem Rucksack

Es gibt ein Problem, das wir alle mit uns herumtragen: unseren Rucksack. In ihm ist alles enthalten, was uns als Persönlichkeit ausmacht: unser ganzes Wissen und Können, unsere Erfahrung, unsere Werte und Normen, unsere Denkweise, unsere Aversionen, unsere Sympathien und Antipathien, unser Entweder-oder und unser Sowohl-als-auch, kurzum, dieser Rucksack, das sind wir! Und je älter wir werden, umso mehr gelangt dort hinein und umso schwerer wird er. Und weil dieser Rucksack sehr schwer ist und uns drückt, suchen wir jede Gelegenheit, ihn abzusetzen, ihn zu entleeren, ein bisschen leichter zu machen. indem wir von unserem Wissen etwas abgeben (Beispiel: ältere Menschen).

Und das ist immer dann der Fall, wenn wir gefragt werden oder scheinbar etwas wissen, auch: besser wissen. Dann geschieht es: Rums, Rucksack abgesetzt und »geplappert«. Diplomaten (und einige Politiker) quälen sich mit ihrem Rucksack und geben nur so viel preis, wie sie für richtig halten.

Erfolgreiche Verhandler quälen sich ebenfalls mit ihrem Rucksack. Sie spielen nicht ihre letzte Karte aus, sondern setzen zunächst sehr konsequent die Fragetechnik ein, um Informationen zu bekommen, und erst dann argumentieren sie! Das ist mitunter lästig, manchmal sogar schmerzhaft – aber sehr erfolgreich!

Wir müssen also lernen, uns mit unserem Rucksack zu quälen – auch wenn es noch so verlockend ist, dem Partner das Gegenteil zu beweisen.

Die abrupte Wortpause

Diese Technik kann – auch als Abwehr – mit Erfolg bei unerwünschten und ständigen Unterbrechungen des Gegners eingesetzt werden. Es ist dazu wichtig, dass mitten im Wort (nicht am Ende eines Wortes oder gar Satzes) »gestoppt« wird: »Sie haben gerade ge…« (Gegner unterbricht, jetzt wieder erneut beginnen) »Sie haben gerade gesagt, dass andere Mög…« usw.

Geschieht das mehrfach, so wird der Gegner selbst merken, dass er unhöflich ist. Aber Sie können jetzt auch die Unterbrechungen zum Vorwurf machen: »Was ist Ihr Grund, dass ich keinen Satz aussprechen kann, ohne unterbrochen zu werden?« Manchmal ist auch eine zynische Bemerkung hilfreich: »Entschuldigen Sie bitte vielmals, dass ich sprach, bevor Sie redeten!«

Demonstratives Wegsehen

Viele von uns haben bestimmt im Fernsehen verfolgt, wie Kanzlerin Angela Merkel bei ihrem politischen Besuch beim amerikanischen Präsidenten Donald Trump auf einem Stuhl saß, neben ihr der Präsident, der sie keines Blickes würdigte. Auch als Merkel das Wort an ihn richtete, tat dieser, als hätte er das nicht gehört. Kanzlerin Merkel überspielte diesen Affront mit einem kurzen Lächeln – die Peinlichkeit hatte Präsident Trump zu verarbeiten.

Zum Nachmachen nur für satanische Verhandlungskünstler zu empfehlen…!

Süffisantes Lachen

Ein süffisantes Lachen ist dort angebracht, wo der Gegner Vorschläge macht oder Preise nennt, die unannehmbar sind. Dabei sollte der Gegner angesehen werden – nicht den Blick abwenden, warten, bis der andere reagiert! Sodann mit einem völlig neuen Thema beginnen – nicht auf die Unverschämtheiten des Gegners eingehen.

Als Abwehr, wenn der Gegner auf unseren Vorschlag süffisant lacht, können wir ganz sachlich fragen, was es mit dem Lachen auf sich hat.

Provozieren

Den Gegner »niederreden, ihn beleidigen, brüllen, flüstern: Auch diese Maßnahmen gehören zum Instrumentarium des satanischen Verhandlers – aber auch zu dem seiner Gegner! Das Ziel ist es, Ungeduld zu erzeugen, die eventuell zu einem Wutausbruch führt. Genau das soll erreicht werden: Eine Reaktion auf der emotionalen Ebene – die Ratio soll ausgeschaltet werden.

Doch als Abwehr können wir, wenn der andere brüllt, zurückbrüllen. Flüstert der andere, können wir ebenfalls flüstern. Einfach das unfaire Verhalten spiegeln und dem Gegner zeigen, dass wir auf solche Tricks nicht hereinfallen!

Provozieren funktioniert bei den meisten Menschen – mit Ausnahme mancher Zeitgenossen mit unerschütterlichem Humor, denn wie so oft im Leben ist Humor, möglichst schlagfertiger, der Kitt zwischen zwei unterschiedlichen Seiten. Als Abschluss ein schönes Beispiel aus meiner Praxis, wie man Provokationen schlagfertig kontert:

Anlässlich eines Referates vor 200 Unternehmern über »dialektische Rabulistik«, also die Kunst der überzeugenden Wortverdreherei, in Verbindung mit Schlagfertigkeit und dem Erzeugen einer positiven Stimmung als wirksame Waffe einer erfolgreichen Verhandlung, geschah Folgendes: Ein junger Mann meldete sich nach meinem Referat zu Wort, stand auf und griff mich in vorwurfsvollem Ton scharf an:

Herr Referent! Sie sagen zwar – aber quasi nur in einem Nebensatz –, dass Rabulistik die Perversität einer normalen Kommunikation sei! Aber Sie selbst sorgen doch mit Ihren Büchern für die Verbreitung dieses Sprachmülls. Ich würde Sie daher als rhetorischen und verbalen Umweltverschmutzer bezeichnen …!

Nachdem er sich wieder gesetzt hatte, war es mucksmäuschenstill im Saal. Nur vereinzelt hörte man ein erstaunt-empörtes »Oh ho ho« und leises Getuschel. Alle Blicke waren auf mich gerichtet, als wollten sie sagen: »Jetzt sind wir gespannt, ob und wie er sich mit Dialektik so erfolgreich wehrt, wie er es uns dargelegt hat!«

Für einen Anfänger mag das der blanke Horror sein, für einen Profi ist eine solche Anklage jedoch eine Steilvorlage! Als Redner hat man im Normalfall bei Fachthemen – nicht bei politischen Reden – die Lufthoheit in einer inhomogenen Teilnehmergruppe dieser Größenordnung. Niemand möchte sich mit einer eventuell dummen Frage blamieren, zumal wenn der Wettbewerber ebenfalls anwesend ist.

Wird dennoch eine kritische Frage gestellt, dann reizt der direkte Widerspruch, eventuell mit dem Hinweis auf umfangreiche Kenntnisse sowie große persönliche Erfahrung:

Herr Teilnehmer! Das sehen Sie völlig falsch! Ich kann Ihnen aus meiner langjährigen Erfahrung und meinen umfassenden Kenntnissen sagen, dass ich recht habe und der Sachverhalt genau so ist, wie ich ihn darstellte …!

O sancta simplicitas! Damit hätte sich der Referent aber ein sauberes Eigentor geschossen, weil er sich einen »Feind« geschaffen hat! Ich spreche hier von dem Normalfall. Und so verhalten sich und reagieren die meisten Redner, das kann ich mit Fug und Recht aufgrund meiner eigenen umfangreichen Kenntnisse und langjährigen Erfahrung … Hoppla! Soeben selbst ausgerutscht …! Ja, ja, das geht schnell.

Ein Profi ist jemand, der es draufhat! Er ist geübt im Auffangen, erfolgreichen Abwehren oder/und Einbinden des Kontrahenten in die eigene Argumentationskette bis hin zum Träger und Unterstützer des eigenen Standpunktes. Das ist wahrlich kein leichter Weg, er ist mühsam und kann auch deprimierend sein, wenn nicht alles so funktioniert, wie man es gelernt und gedacht hat. Man hat zwar **eine** Methode, aber so **viele** unterschiedliche Menschen. Wo soll man beginnen – wo ist der erfolgreiche Weg?

Zurück zu unserem Beispiel, das im übertragenen Sinn auch für Verhandlungen mit mehreren Personen gilt. Wie man es falsch macht, wurde verdeutlicht. Nun die richtige Reaktion als Profi. Und auf dem Weg dazu befindet man sich, wenn man folgende Grundsätze aus der Gruppendynamik kennt und beherzigt:

1. **Mache dir niemals in einer Gruppe einen Feind und stelle ihn bloß.** Selbst wenn sich anfänglich einige freuen, dass diesem Teilnehmer der Scheitel gezogen wurde, so wird bei wiederholtem Male die Stimmung kippen, weil sich die Teilnehmer fragen: »Wie kommt dieser externe Typ dazu, unseren Kollegen so zu blamieren …?«
2. **Die Gruppensympathie ist ein scheues Reh!** Wer glaubt, er könne sich durch ein paar gelungene Antworten und eventuell witzige Bemerkungen, über die eine Gruppe zuvor lachte, nun alles erlauben und jedwede Zoten ablassen, der wird die Wirksamkeit dieses Grundsatzes sehr schnell und sicher erfahren.
3. **Und wenn die Frage eines Teilnehmers noch so dämlich war,** dass es schon wehtut, egal – danken Sie unserem Herrn

auf den Knien für solche tollen Teilnehmer ...! Ergänzen Sie, wenn möglich, die Frage/den Einwand mit zusätzlichen Infos oder Ideen, sodass es schlussendlich eine gute Beantwortung gibt. Bedenken Sie den anderen Fall: Ein solcher Teilnehmer, wenn man ihn blamiert, ist wie ein fauler Apfel in einer Kiste guter Äpfel! Was dann passiert, wissen wir alle ...!

4. **Wenn möglich, geben Sie dem Teilnehmer recht, und verlängern Sie den Einwand.** Zum Beispiel mit eigenen Erlebnissen, aktuellen Informationen usw. (»Ja, und ich füge hinzu ...« oder: »Ein gutes Beispiel/guter Einwand! Das erinnert mich/sicher viele ... an den Sachverhalt XY ...!«) Dann drehen Sie die gesamte Argumentationskette um und kommen so zu Ihrem Ergebnis! (»Dennoch muss man bedenken, dass ABC das Wichtigste ist, und somit ...!« oder: »Allerdings wurde/ist dabei nicht berücksichtigt, dass XYZ eine entscheidende Funktion hat, und darum ...!«)
5. **Betonen Sie, wenn möglich, eventuelle Gemeinsamkeiten.** Bleiben Sie versöhnlich, und ... Humor ist immer gut! Sie befinden sich ja nicht auf einer Wahlveranstaltung für Präsidenten in den USA! (»Herr Kollege, ich glaube, Sie haben mit Ihrem Einwand uns alle in gute Laune versetzt! Was können wir denn jetzt für Sie tun? Wichtig ist doch, dass wir gemeinsam diese Herausforderung lösen wollen! Und das gelingt uns bei unseren gleichen Absichten ...!«)

Das sind die wesentlichen Grundsätze, wenn man vor einer Gruppe spricht und/oder wenn man ein Referat hält. Auf den Angriff des jungen Mannes in meinem Vortrag antwortete ich:

Recht geben, Argument verlängern und ergänzen: »Ich gebe Ihnen vollkommen recht, da gibt es furchtbare Methoden, man denke nur an die Fake News, die uns überschwemmen.«

Einigkeit demonstrieren: »Wir sind uns sicher alle einig, dass diese Form, diese Art der Kommunikation eine schlimme Krankheit unserer Zeit ist!«

Jetzt quasi den Spieß umdrehen: »Allerdings haben wir gelernt, dass man eine Krankheit nicht dadurch bekämpft, dass man sie beschimpft und bedauert! Sondern man muss sie zunächst analysieren, damit wir mit diesen Ergebnissen zu einer treffsicheren Diagnose und somit zu einer wirksamen Therapie gelangen. Was wäre ein Arzt ohne gute Diagnose? Und genau das tue ich mit meinen Büchern und meinen Vorträgen zu Ihrem Nutzen – auch heute!« (Beifall von den Teilnehmern)

Positive Stimmung bei allen Zuhörern erzeugen: Die gute Stimmung auszunutzen war nun relativ einfach. So, dass es alle hören konnten, fragte ich den jungen Mann: »Nehmen Sie von mir ein Buch, kostenlos, mit Widmung – als Dank für Ihre tolle Mitarbeit?« Klar wollte er das. Und die anderen auch …! Der wichtigste Effekt war, dass viele Teilnehmer nun ein Buch erwerben wollten, das ich ihnen – mit einer persönlichen Widmung und satanisch-freundlichen Grüßen – überreichte.

Was wollte ich erreichen (Zielfrage)? Ich begann quasi »die Früchte zu ernten«. Denn was wollte ich? Ich wollte meine Bücher verkaufen, die ich bei Vorträgen immer dabeihatte. Außerdem wollte ich Aufträge für Referate und Seminare – und die wurden erteilt. Dafür hatte ich auch – wichtig für das Eigenmarketing – einen »Waschzettel« dabei, mit einem Text zu meinem Referat sowie Daten und Stationen meines Lebenslaufes.

Man mag an dieser Stelle einwenden, das sei bloße Verkaufsrhetorik und keine Verhandlungstechnik. Stark daneben! **Denn jede Verhandlung ist Verkauf – und jeder Verkauf bedingt eine Verhandlung.**

Es geht also um die Methoden und die Instrumentarien, die stets zum Sachverhalt passen müssen.

Mit nonverbalen Elementen täuschen

Es ist unbestritten, dass Körpersprache (Kinesik), Mimik und Gestik im zwischenmenschlichen Bereich eine entscheidende Rolle bei der Beurteilung des jeweils anderen spielen. »Der Körper lügt nicht!« – das behaupten in der Tat einige Zeitgenossen. Doch welch ein grandioser Irrtum! Nicht umsonst sind »Lügendetektoren« bei uns nicht zugelassen.

In der satanischen Verhandlungskunst werden auch die nonverbalen Elemente oftmals täuschend eingesetzt, um den Gegner zu verunsichern, einzuschüchtern, in trügerischer Sicherheit zu wiegen, einzulullen, auf eine falsche Fährte zu locken usw. Die mimischen, gestischen und körpersprachlichen Ausdrucksformen hierzu sind sehr vielfältig und stets davon abhängig, was beim Gegner erreicht werden soll.

Im täglichen Leben, im Geschäftsleben beispielsweise, sind diverse Methoden, Lügner zu erkennen, ein brauchbares Mittel. Darin muss man allerdings geübt sein, sonst kommt man zu falschen Schlüssen. Jeder von uns kennt das: Man berichtet einen Sachverhalt und erwartet eine zumindest mimische Reaktion des Gegenübers. Doch der andere reagiert nicht – im Gegenteil, die Gesichtszüge sind wie eingefroren. Nur ausgebuffte Profis lassen sich davon nicht beeindrucken. Ein Beispiel dafür, wie man mit Körpersprache ganz hervorragend täuschen kann:

Außendienstmitarbeiter Krause hat einen Termin beim Einkäufer Müller. Statt dass Krause warten muss, wie sonst üblich, wird er sofort vorgelassen. Der Einkäufer springt auf, bittet ihn an den Tisch und spricht ihm gleich ein Lob aus. Verständlich, dass Krause sich sicher fühlt – und nun selbstbewusst sein Angebot vorträgt. Doch während er engagiert und voller Hoffnung seine Offerte unterbreitet, verfinstert sich die Mimik des Einkäufers, und er nimmt eine typisch verschlossene Haltung ein: Arme verschränkt, Beine übereinander und zurückgelehnt.

Das sieht Krause, und er denkt sich: »Wenn ich jetzt den geplanten Preis nenne, wirft er mich raus.« Also bietet er einen niedrigen Preis an, und erst jetzt geht der eigentliche Preispoker los: »Wie bitte? Hören Sie mal, da war heute Morgen ein Wettbewerber da, der bot das gleiche Produkt um 10 Prozent preiswerter an. Da müssen Sie aber noch was nachlassen, sonst kommen wir nicht ins Geschäft …!«

IV. Preisverhandlungen

Fragen und Ruhe bewahren!

Die Regel lautet: Preise müssen verkauft werden! Deshalb müssen Preise in Fragen verwandelt werden:

Kunde: *Das ist zu teuer!*

Verkäufer: *Zu teuer – im Verhältnis wozu? Womit haben Sie unser Angebot verglichen? Warum/weshalb zu teuer?*

Kunde: *Der Wettbewerb ist günstiger …!*

Verkäufer: *Das kann ich so nicht beurteilen. Ich kann aber zu unserem Angebot sagen … usw. Welches Merkmal ist für Sie das wichtigste …?*

Das ist das Schöne an Einwänden, man kann sich darauf verlassen, dass sie kommen …! Einwände sind die Straßen zum Abschluss. Bleiben Sie in der Aktion! Stellen Sie Fragen!

Kunde: *Ich werde mit das nochmals überlegen.*

Verkäufer: *Gerne. Welcher Punkt macht Sie noch nachdenklich?*

Kunde: *Ich rufe Sie wieder an!*

Verkäufer: *Was lässt Sie zögern?* (Termin-Eingrenzung!!)

Kunde: *Schlechte Erfahrung gemacht …!*

Verkäufer: *Was war …?* (Einzelheiten? Persönlich?)

Was immer verhandelt wird: Es geht letztlich ums Geld! Der Respekt, oft auch die Angst vor der Preisfrage, lässt viele Verhandler versagen. Besonders wenn ein Produkt sehr teuer ist, zerstören so manche Verkäufer ein vielleicht bis zur Preisfrage positiv verlaufenes Gespräch, indem sie herumdrucksen, stottern oder mit albernen Floskeln verraten, dass sie selbst unsicher sind (»Sie wissen ja, Qualität hat seinen Preis, wie alles in dieser Welt, und bei unseren Produkten ist es genauso …!«). Damit verärgert man höchstens den Kunden.

Für das Preisgespräch gibt es einige Grundregeln:

1. Erst müssen der Bedarf und die Bedürfnisse eines Kunden ermittelt werden. Der Bedarf ist eine normative Größe und kann in Zahlen genannt werden. Bedürfnisse sind häufig latent und müssen durch geeignete Fragen ermittelt werden.
2. Hohe Preise müssen besonders selbstbewusst genannt werden, also nicht herumdrucksen. Für einen ausgebufften Verhandler ist das wie ein Signal, den Verkäufer zielsicher auszuwringen!
3. Unterscheiden Sie zwischen Nutzen und Vorteilen. Ein Produkt kann viele Vorteile bieten, aber was dem Kunden nutzt, das ist entscheidend.
4. Preise niemals nackt nennen. Stets mit dem Nutzen oder den Vorteilen verbinden. Erst das Verhältnis zum Nutzen macht einen Preis hoch oder niedrig.
5. Preise gehören ans Ende eines Gespräches, sonst können Sie nicht den Nutzen für den Kunden ermitteln, auch wenn viele Kunden gleich zu Beginn wissen wollen, was das Produkt kostet. Ein Trick: Schreiben Sie sichtbar für den Kunden das Wort »Preis« auf ein Blatt Papier und sagen: »Ich komme sofort zum Preis, doch lassen Sie mich vorher eine Frage klären (jetzt Goldfrage stellen!): Was ist für Sie das Wichtigste unter den genannten Bedingungen …?«

Dass der Preis ans Ende des Verkaufsgespräches gehört, ist der wohl wichtigste Grundsatz jedes Verkäufers. Und der Grund? So kann der »Wertaufbau« für ein Produkt betrieben werden, und der Besitzwunsch ist größer als der Preisschock.

Doch darüber kann heute mancher pfiffige Einkäufer nur müde lächeln. Denn die Technik, eine »gelernte Erwartungshaltung« zu durchkreuzen, um damit den Verhandlungspartner zu verunsichern, wird zum Beispiel in Einkäuferseminaren trainiert. Die Methode ist sehr einfach: Einkäufer wissen, worin Verkäufer trainiert werden. Also brauchen sie dieses Prinzip nur umzukehren, indem sie **nicht** so reagieren, wie andere es gelernt haben und wie es erwartet wird.

Und so wird dieser Einkäufer den Verkäufer mit der Eingangsfrage schocken: »Ohne Umschweife: Was kosten 1 000 Stück?« In einem solchen Fall müssen Sie, als Verkäufer, natürlich den Preis nennen. Und Sie dürfen sicher sein, dass der Einkäufer jetzt schreit: »Hach, viel zu teuer! Ihr Wettbewerber, der heute Vormittag da war, hat es mir 10 Prozent billiger angeboten ...!«

Sie allerdings sollten wissen: Er blufft! Und solange er Sie nicht aus seinem Büro hinauskomplimentiert, ist er weiterhin interessiert – trotz seiner demonstrativen Ablehnung, wie Kopfschütteln, lauthals lachen, schreien, auf vermeintliche Akten zeigen, die »beweisen, dass« usw. Alles Theaterdonner! Solange er sich mit Ihnen unterhält, ist das Gespräch noch nicht gelaufen, denn es ist ein untrügliches Zeichen, dass er Interesse an dem Geschäft hat und nur den Preis drücken will.

Die Ankertechnik

Die meisten Unternehmer geben auf die Frage »Warum haben Sie eine Firma?« die Antwort: **Um Geld zu verdienen!** Das ist ja nicht falsch, aber es steht an der falschen Stelle, nämlich an erster Stelle. Weil das so ist, denken diese Unternehmer auch nur ans Geld, es hat für sie Priorität. Und darum kann ein guter Verhandler sie am besten über diese Geldschiene ansprechen und damit sein Ziel erreichen.

Die richtige »Denke« müsste deshalb lauten: **Ich habe ein Unternehmen, um den Kundenbedarf und die Kundenbedürfnisse in meinem Marktsegment zu ermitteln und zu befriedigen!**

Wer so marketingorientiert denkt, wird auch erfolgreich handeln – und dann kommt das Geld automatisch!

Aber bekanntlich hört beim Geld die Freundschaft auf. Und darum gehen schlechte Verhandler mit einem hohen Preis in eine Verhandlung. Und weil sie wissen, dass sie vermutlich diesen Wunschpreis nicht erreichen werden, streben sie in Gedanken schon den Kompromiss an. Den meisten Verhandlern ist nicht klar, dass ein Kompromiss einerseits stets verlustreich ist und andererseits eine üble Verhandlungsfalle offenbart. Denn jetzt weiß der Gegner, dass sein Gegenüber zu einem Abschluss kommen will oder muss.

Und so wird es ablaufen: Der satanische Verhandler nennt einen unverschämt hohen Preis als seine Forderung. Das nennt man Ankertechnik. Es ist aber ein perfider Bluff, denn er registriert die Reaktion seines Gegenübers und wenn dieser daraufhin einen unverschämt niedrigen Preis nennt. Er könnte jetzt die Verhandlung empört verlassen, oder er fordert sein Gegenüber auf, ihm einen realistischen Preis zu nennen – und das macht der andere auch.

Ein Beispiel:

Herr Fair will ein technisch hochwertiges, aber gebrauchtes E-Bike von Herrn Unfair kaufen. Herr Unfair wirft quasi den Anker und nennt als Kaufpreis 5 000 €, was sehr dreist ist. Herr Fair reagiert und bietet 1 500 €, was eher lächerlich ist.

Herr Unfair bittet nun Herrn Fair, einen realistischen Preis zu nennen. Also sagt er 3 000 €. Vermutlich liegt dieser Preis schon höher, als Herr Unfair kalkuliert hat.

Was jetzt kommt, kennen alle, die jemals etwas verkauft oder gekauft haben: der **Kompromiss**! »Treffen wir uns in der Mitte!« – ist die häufigste Aufforderung an den Verhandlungspartner. Damit verliert mit Sicherheit der Käufer viel Geld.

Man rechne: 5 000 € will Herr Unfair, Herr Fair bietet 3 000 €. Die Mitte wäre 4 000 €. Jetzt fordert Herr Unfair natürlich auch eine goldene Mitte, indem er nicht seine 5 000 € und des Gegners 3 000 € will, sondern die Mitte: 4 000 €. Der Basar ist aber noch geöffnet, denn Herr Unfair sagt: »Ich biete 5 000 €, Sie bieten 4 000 € – treffen wir uns in der Mitte, also bei 4 500 €.« Wenn der Basar geschlossen wird, kommt irgendwann das Endergebnis: 4 250 €!

In jedem meiner Seminare hatte ich in einem Raum ein Rollenspiel mit Videoaufzeichnung, das von der ganzen Gruppe im Hauptraum über einen Beamer verfolgt werden konnte. Die Rolle für den Verkäufer war so angelegt, dass er unbedingt das angebotene Auto verkaufen musste, was der potenzielle Käufer nicht wusste – auch nicht wissen durfte. Die Vorgehensweise war zunächst bei allen die gleiche:

Der Verkäufer macht das Auto gut (Vorteils-Rodeo).

Der potenzielle Käufer macht das Auto schlecht (Fehlersuche).

Generell wurden nahezu alle Verhandlungsfehler gemacht, die möglich waren, beispielsweise das Nachlassen eines Preises entweder in großen Sprüngen oder als pauschale Summe. Wieso lässt ein Verhandler gerade die glatte Summe von 2 000,00 € nach? Die Gruppe im Hauptraum wusste es: Weil der Verkäufer Geld braucht …!

Auch nonverbale Fehler wurden in aller Regel gemacht: Wenn der Käufer um das Auto herumging, dackelte der Verkäufer hinterher, und das sagte den Teilnehmern: »Halt, Kunde! Lauf nicht weg, ich brauche dich!« Der Verkäufer hätte also ganz cool an seinem Platz stehen bleiben müssen und eventuell sagen: »Schauen Sie sich in Ruhe das Fahrzeug an, ich habe für Sie Zeit!«

Besonders deutlich wurde stets, dass kein Verkäufer sich für die Bedürfnisse des Käufers interessierte, um so die Vorteile eines Produktes, hier also eines Fahrzeugs, in den Kundennutzen einzubringen.

Dazu lassen sich ein paar Regeln aufstellen:

- Über Geld nicht gleich zu Beginn reden. Auf »Anker« möglichst nicht eingehen.
- Kompromisse sind verhandlungstechnisch schlecht und meistens ein Verlust für denjenigen, der sie vorschlägt.
- Setzen Sie mal eine starke Waffe bei unverschämten Forderungen ein: Nicht antworten, nicht lächeln, nur den anderen ansehen und das lange durchhalten.
- Jedes Preiszugeständnis muss mit einer Gegenleistung belohnt werden. Oft macht es schon Sinn, bei einer Preisnachlassforderung die Frage zu stellen, was das für Sie bringt.
- Interessieren Sie sich für den Kunden. Sein **Nutzen** ist entscheidend, nicht die **Vorteile** eines Produkts.

Pannen überwinden

Ja, mach nur einen Plan
Sei nur ein großes Licht!
Und mach dann noch 'nen zweiten Plan
Gehen tun sie beide nicht.

So beschreibt es Bertolt Brecht in seinem Lied von der Unzulänglichkeit menschlichen Strebens. »Denn erstens kommt es anders. Und zweitens, als man denkt.« – so ein Sprichwort. Natürlich muss man planen, Pläne schmieden. Ob jedoch alles so abläuft und kommt, wie wir es geplant haben, steht nicht immer in der Zielformulierung, sondern häufig in den Sternen.

Wichtig ist allerdings, dass ein Verhandler vorbereitet ist und gut reagieren kann. Läuft es in der Verhandlung nicht so wie geplant, dann lässt sich, als sichere Regel, die Goldfrage (siehe Seite 220) hervorragend einsetzen. Diese Technik ist auch geeignet, einen (rhetorisch) übermächtigen Gegner aus der Fassung oder zum Antworten zu bringen und die Gesprächsinitiative wieder an sich zu reißen, also wieder selbst in die Aktion zu gelangen. Es geht im Kern darum, die Sprachlosigkeit zu überwinden. Denn die schlechte Regel lautet: **Wer nichts weiß, redet übern Preis!**

Wie mir manche Seminarteilnehmer berichteten, hapert es oftmals aber daran, dass ein Akteur vorübergehende Sprechblockaden hat, die der Gegner ausnutzt: »Zu Hause weiß ich das. Aber in dem Moment, wo ich einem Kunden gegenübersitze, habe ich irgendwie Sprechhemmungen. Und zu Hause ärgere ich mich darüber.« Um dem wirksam zu begegnen, habe ich einen rhetorischen Handwerkskasten zusammengestellt, der einfache, aber wirkungsvolle Satzanfänge und Fragetechniken enthält, mit denen die eventuelle Sprachlosigkeit, oft auch Verblüffung, überwunden werden kann.

Rhetorischer Handwerkskasten

Wichtige Satzanfänge:
Wenn ich Sie recht verstanden habe, dann …!
Wenn Sie einverstanden sind, vereinbaren wir …!
Herr XY, ich bin der sicheren Überzeugung, dass …!
Das ist … wichtig, weil …! Allerdings müssen/sollten wir …!
Das ist eine aktuelle Frage, denn Position A und …!

Wichtige Fragetechniken:
Was spricht dagegen, dass wir …?
Was verstehen Sie genau unter XY …?
Herr XY, was ist für Sie das Wichtigste?
Was darf auf keinen Fall passieren?
Was hat A mit B zu tun? Zusammenhang …?
Welche Infos können Sie uns noch geben, damit …?

V. Erfolgreiche Abwehrmethoden

»Und wie begegnet man diesen satanischen Verhandlern nun wirkungsvoll?« – das war die häufigste Frage, die mir in meinen Seminaren gestellt wurde.

Voraussetzung dafür ist jedoch, dass deren Strategien und Taktiken erkannt werden müssen – und das ist leichter gesagt als getan. Denn satanische Verhandlungskünstler sind eben auch Meister im Verstellen, Tarnen und Fallenstellen.

Das Erkennen von Strategien und Taktiken ist letztendlich auch eine Frage der Sensibilisierung und der Erfahrung. Wer sich mit den vielfältigen Möglichkeiten unterschiedlicher Methoden beschäftigt, bekommt mit der Zeit ein Gespür dafür, was »gespielt« wird.

Die wirkungsvollste Abwehr der meisten satanischen Verhandlungskünste lässt sich in drei Punkte zusammenfassen:

1. **Die richtigen Antennen entwickeln,** das heißt, sich nicht durch das gegnerische Verhalten – trotz Freundlichkeit, Charme, Wollwollen – einlullen, unterbuttern oder über den Tisch ziehen zu lassen. Man muss erkennen, dass hier etwas faul ist, dass gespielt wird.
2. **Selbstbewusstsein haben und es auch (höflich) demonstrieren** – aber keine Überheblichkeit zeigen. Sich nicht vom anderen beeindrucken lassen. So groß die Unterschiede zwischen dem Gegenüber und Ihnen auch sein mögen: Er ist er und Sie sind Sie. Jeder hat das Recht auf unbedingte Beachtung der eigenen Persönlichkeit. Wer Sie nicht beachtet, wird auch Ihr Recht nicht beachten.
3. **Fragen, fragen und nochmals fragen.** Nichts bringt einen unfairen Verhandlungskünstler mehr aus der Fassung und erschüttert sein taktisches Gedankengebäude mehr als das ständige Hinterfragen und Infragestellen seiner Aussagen.

Abwehr-Konzept

	Selbst	Gegner
Ziel	bekannt	wirklich bekannt? Kompromiss wo?
Strategie	hart oder/und flexibel	Gegenstrategien?
Taktik (Maßnahmen)	abgestimmte Taktiken Reaktions-Taktiken; wie weit gehen wir?	erwartete Taktiken unerwartete Taktiken

Wie wichtig ein Verhandlungskonzept ist, haben wir in Kapitel 2 gesehen. Und das gilt ebenso für das Abwehrkonzept, wobei diesem Konzept erhöhte Aufmerksamkeit zuteilwerden sollte. Denn hier muss man sich mit dem Gegner beschäftigen. Man muss sich quasi in ihn hineinversetzen, sich fragen: »Wäre ich der Gegner, was hätte ich an Möglichkeiten? Wo bin ich stark, wo bin ich schwach? Welche Taktiken hat der Gegner, die ich erwarten kann – und welche Taktiken sind unerwartet? Und was mache ich dann? Wie weit kann ich gehen – wo ist das ›Ende der Fahnenstange‹? Widerspricht das den formulierten Teilzielen?«

Fazit: Der Punkt, an dem die meisten Fehler gemacht werden, ist das fehlende oder auch nur unzureichende Konzept. Wer eine wichtige Sache zu verhandeln hat, glaubt schon zu wissen, wie er sich verhält. Zumal man den Verlauf einer Verhandlung weder prognostizieren noch alleine bestimmen kann – so denken viele. Doch das ist ein fataler Fehler, denn man muss die Möglichkeiten des Gegners – so weit möglich – durchspielen.

Aus der Geschichte gibt es dazu viele Beispiele. So legte der Preußenkönig Friedrich II., der »Alte Fritz«, fest, dass zu jeder Verhandlung, zum Beispiel am Österreichischen Hof, ausgewählte Diplomaten gegen die preußischen Interessen und Absichten argumentieren mussten – und zwar so lange, bis die Diplomaten, die entsandt werden sollten, argumentativ sattelfest waren.

Das Prinzip kennt man auch aus der katholischen Kurie in der Heiligsprechung. Ein Kardinal empfiehlt die Heiligsprechung *(advocatus dei)*, und ein anderer spricht dagegen mit allen Argumenten, die er hat *(advocatus diaboli)*.

Dieses Prinzip ist wohl der wichtigste Aspekt einer erfolgreichen satanischen Verhandlung. Ich habe allerdings im Rahmen meiner Ghost Negotiation, der Verhandlungsführung im Hintergrund, immer wieder feststellen müssen, dass die meisten Beteiligten andere Details einer Verhandlung in den Vordergrund stellten und sich zufriedengaben mit ihrer eigenen Antwort: »Wir wissen schon genau, was wir wollen!«

Mit welcher eigenen Strategie eine Verhandlung mit einem unfairen, satanischen Gegner geführt werden soll, ist von vielen Faktoren abhängig. Die entscheidende Zieldefinition ist dabei natürlich vom Sachverhalt und vom Verhandlungsgegenstand abhängig. Zur Strategie und Taktik haben sich folgende Vorgehensweisen bewährt. Grundsätzlich kann man zwei Strategien benennen:

1. **Entwicklung einer eigenen diabolischen Strategie.** Das setzt jedoch die Kenntnis des Verhaltens und die Einschätzung der Reaktionsweisen des Gegners voraus.
2. **Entwicklung einer Strategie des flexiblen Verhaltens.** Das bedeutet, man verhandelt »normal«, also ohne besondere Angriffstaktik, reagiert aber fallspezifisch mit entsprechend vorbereiteten Taktiken auf die gegnerischen Angriffe.

Ist die Taktik erkannt, so bestehen prinzipiell zwei Möglichkeiten der Abwehr:

1. **Man entwickelt geeignete Gegentaktiken, ohne die erkannte Taktik des Gegners anzusprechen.** Dies setzt jedoch voraus, dass man jederzeit eine geeignete Taktik hat, um auf die

gegnerische Taktik zu antworten, die auch jedes Mal erkannt werden muss. Diese Vorgehensweise erfordert umfassende Kenntnis und große Erfahrung.

2. **Man spricht die erkannte Taktik des Gegners an.** Diese Möglichkeit ist sehr wirksam und vor allem ungefährlicher. Wenn eine Taktik ausgeschaltet werden soll, reicht es meistens aus, eine Frage nach der (erkannten) Taktik zu stellen, um so auf das gegnerische Verhalten hinzuweisen.

Grundtaktik »Schild und Schwert«

Abwehrmaßnahmen lassen sich auch mit der Schild-Schwert-Taktik beschreiben. Darunter ist zu verstehen, dass ein Angriff zunächst abgewehrt wird (Schild = Verteidigung), um dann alle Kräfte zu sammeln und selbst zum Angriff überzugehen (Schwert = Angriff).

Diese Taktik stammt aus dem militärischen Bereich und war zur Zeit des kalten Krieges zwischen der NATO und dem Warschauer Pakt eine wichtige strategische Überlegung. Weil die NATO mit konventionellen Waffen dem Warschauer Pakt deutlich unterlegen war, erwartete sie den Schwert-Angriff des Feindes, um ihn mit militärischen Mitteln und ihren verfügbaren Waffen als Schild-Verteidigung abzuwehren und anschließend als Schwert zurückschlagen.

Die folgende Übersicht zeigt, wie diese taktisch-methodische Vorgehensweise bei der Abwehr unfairer, satanischer Verhandler eingesetzt werden kann. Dazu müssen die Voraussetzungen geschaffen werden, um mit den entsprechenden Schild- und Schwert-Taktiken danach die Verhandlung zu führen und zu gewinnen!

Die Schild-Schwert-Taktik	
Voraus-setzungen	Erkennen der Taktik Selbstbewusstsein demonstrieren Eigenes Verhalten kontrollieren (Kinesik, Mimik, Gestik)
Schild-Taktiken	Fragen stellen – Behauptungen überprüfen – selbst auf Zeit spielen – Auskünfte einholen – nicht stets direkt antworten – die erkannte Taktik ansprechen – mit Sprüchen kontern – ins Detail gehen usw.
Schwert-Taktiken	Tatsachenbestreitung – ständig Beweise fordern – Behauptungen aufstellen – Manipulation durch Informationen – analysieren und dann relativieren – Widersprüche entdecken – Nebenkriegsschauplätze schaffen – Drohungen aussprechen – psychologische Kriegsführung – Good-and-bad-Play usw.

Fazit

Sie haben gesehen, dass die satanischen Verhandlungstechniken des 20. Jahrhunderts nicht so zimperlich sind wie die feinen psychologischen Tricks, die mein Co-Autor im ersten Teil des Buches beschrieben hat. Den Gegner unter Druck setzen, ihn ermüden, ihn provozieren – das alles wird natürlich auch zum Erfolg führen, wenn man nicht weiß, wie man sich dagegen wehrt. Daher ist es wichtig, die Tricks beider Jahrhunderte zu kennen. Jetzt haben Sie das Rüstzeug – und wissen, wie man sich auch gegen die fiesesten Tricks des 20. Jahrhunderts wirkungsvoll wehren kann.

Schlusswort

Der Ehrliche ist der Dumme.

Volksweisheit

»Edel sei der Mensch, hilfreich und gut!« – so lautet eine der berühmtesten moralischen Maximen der Weimarer Klassik, die Goethe in einem bekannten Gedicht aufgestellt hat. Doch manchmal sind Volksweisheiten weiser als die größten Dichter und Philosophen. So wissen wir doch im Grunde alle, dass unsere Ehrlichkeit von anderen Menschen ausgenutzt werden kann. Am Ende stehen die Ehrlichen von uns nicht selten als die Dummen da. Fast jeder Mensch hat *mindestens eine* traurige Geschichte zu erzählen, in der seine Hilfsbereitschaft, Güte oder Ehrlichkeit auf gemeine Weise ausgenutzt und gegen ihn verwendet wurde.

Schon wesentlich realistischer ist da ein anderes Zitat, das Bismarck zugeschrieben wird: »Es wird niemals so viel gelogen wie vor der Wahl, während des Krieges und nach der Jagd.« Wir, die Autoren möchten, nachdem wir so viele Verhandlungssituationen durchlebt haben, dieses Zitat gerne wie folgt abwandeln: »Es wird niemals so viel gelogen wie vor Verhandlungen, während Verhandlungen und nach Verhandlungen!«

Der Ehrliche ist übrigens auch deswegen der Dumme, weil er gutgläubig seine eigene Ehrlichkeit auf den Verhandlungspartner projiziert. Doch haben wir in diesem Buch genau aufgezeigt, wie leicht deine offengelegten Informationen gegen dich eingesetzt werden können und wie ein satanischer Verhandlungskünstler mithilfe rhetorischer und psychologischer Kniffe in jeder Situation auch noch den letzten Tropfen aus dir herauspressen kann.

Die erste gute Nachricht aber ist: Dieses Buch hat dich, werte Leserin und werter Leser, aufgerüstet. Die Kenntnis der fiesesten diabolischen Taktiken ist der beste Schutzschild gegen jeden satanischen Verhandlungskünstler. Dass er dir begegnen wird, ist so sicher, wie das Amen in der Kirche. Die Frage ist nur: Wann und wo?

Die zweite gute Nachricht: Im Bewusstsein dieser fiesesten diabolischen Taktiken und in präziser Kenntnis darüber, wie man sich gegen sie wehrt, wird auch der cleverste Manipulant auf Granit beißen. Wir haben gezeigt, wie das Böse am Verhandlungstisch besiegt werden kann.

Uns Autoren bleibt nur noch, unseren Leserinnen und Lesern viel Erfolg und auch viel Vergnügen bei der Unschädlichmachung der satanischen Verhandlungskünstler zu wünschen – oder selber einer zu werden …!

München, April 2021
Wladislaw Jachtchenko und Dr. Dr. Wolf Ruede-Wissmann

Anmerkungen

1 René Descartes: Abhandlung über die Methode, richtig zu denken und Wahrheit in den Wissenschaften zu suchen, in: René Descartes' philosophische Werke, Abteilung 1, Berlin 1870, S. 20.
2 Emily Pronin/Daniel Lin/Lee Ross: The Bias Blind Spot: Perceptions of Bias in Self Versus Others, in: Personality and Social Psychology Bulletin 28 (2002), S. 369–381.
3 Irene Scopelliti/Carey K. Morewedge et al.: Bias Blind Spot: Structure, Measurement, and Consequences, in: Management Science 61 (2015), S. 2468–2486.
4 Amos Tversky/Daniel Kahneman: Judgment under Uncertainty: Heuristics and Biases, in: Science 185 (1974), S. 1124–1131.
5 Daniel Kahneman: Schnelles Denken, langsames Denken, München 2012, S. 42.
6 Clayton R. Critcher/Thomas Gilovich: Incidental Environmental Anchors, in: Journal of Behavioral Decision Making 21 (2008), S. 241–251.
7 Daniel M. Oppenheimer/Robyn A. LeBoeuf/Noel T. Brewer: Anchors Aweigh: A Demonstration of Cross-Modality Anchoring and Magnitude Priming, in: Cognition 106 (2008), S. 13–26.
8 Adrian C. North/David J. Hargreaves/Jennifer McKendrick: In-Store Music Affects Product Choice, in: Nature 390 (1997), S. 132.
9 Fritz Strack/Leonard L. Martin/Norbert Schwarz: Priming and Communication: The Social Determinants of Information Use in Judgements of Life Satisfaction, in: European Journal of Social Psychology 18 (1988), S. 429–442.
10 Jennifer S. Lerner/Deborah A. Small/George Loewenstein: Heart Strings and Purse Strings: Carryover Effects of Emotions on Economic Decisions, in: Psychological Science 15 (2004), S. 337–341.
11 Alexander D. Stajkovic/ Edwin A. Locke/ Eden S. Blair: A First Examination of the Relationships Between Primed Subconscious Goals, Assigned Conscious Goals, and Task Performance, in: Journal of Applied Psychology 91 (2006), S. 1172–1180.
12 John A. Bargh/Marc Chen/Lara Burrows: Automaticity of Social Behavior: Direct Effects of Trait Construct and Stereotype Activation on Action, in: Journal of Personality and Social Psychology 71 (1996), S. 230–244.
13 Wladislaw Jachtchenko: Dunkle Rhetorik: Manipuliere, bevor du manipuliert wirst!, München 2019, S. 13–21.
14 San Bolkan/Peter A. Anderson: Image Induction and Social Influence, in: Basic and Applied Social Psychology 31 (2009), S. 317–324.
15 Christian S. Crandall/Angela J. Bahns/Ruth H. Warner/Marc Schaller: Stereotypes as Justifications of Prejudice, in: Personality and Social Psychology Bulletin 37 (2011), S. 1488–1498.

16 Ebenda.
17 Peter M. Gollwitzer: Goal achievement: The role of intentions, in: European Review of Social Psychology 4 (1993), S. 141–185.
18 Peter M Gollwitzer/Paschal Sheeran/Roman Trötschel/Thomas L. Webb: Self-Regulation of Priming Effects on Behavior, in: Psychological Science 22 (2011), S. 901–907.
19 Ebenda.
20 Ziva Kunda: The Case for Motivated Reasoning, in: Psychological Bulletin 108 (1990), S. 480–498.
21 Drew Westen/Pavel S. Blagov/ Keith Harenski et al.: Neural Bases of Motivated Reasoning: An fMRI Study of Emotional Constraints on Partisan Political Judgment in the 2004 U.S. Presidential Election, in: Journal of Cognitive Neuroscience 18 (2006), S. 1947–1958.
22 David Redlawsk/Andrew Civettini/Karen M. Emmerson: The Affective Tipping Point: Do Motivated Reasoners Ever »Get It«?, in: Political Psychology 31 (2010), S. 563–593.
23 Brendan Nyhan/Jason Reifler: When Corrections Fail: The Persistence of Political Misperceptions, in: Political Behavior 32 (2010), S. 303–330. Der Vollständigkeit halber sei erwähnt, dass die Existenz des *backfire effects* von einigen Forschern bestritten wird. Er sei sehr situationsbedingt und mit aktuellen Methoden schwer nachzuweisen. Mehr dazu in: Briony Swire-Thompson/Joseph De Gutis/David Lazer: Searching for the Backfire Effect: Measurement and Design Considerations, in: Journal of Applied Research in Memory und Cognition 9 (2020), S. 286–299. Doch wird der satanische Verhandlungskünstler in Kombination mit dem *motivated reasoning* und der *survivorship bias* dem Bumerang-Effekt in seiner Wirksamkeit zum Durchbruch verhelfen können.
24 Jachtchenko: Dunkle Rhetorik, a. a. O. (Anm. 13), S. 55–59.
25 Tony Robbins: Money: Master the Game. 7 Simple Steps to Financial Freedom, London 2016, S. 92–104.
26 Ebenda, S. 96.
27 Edwin J. Elton/Martin J. Gruber/Christopher R. Blake: Survivorship Bias and Mutual Fund Performance, in: Review of Financial Studies 9 (1996), S. 1097–1120.
28 Nassim N. Taleb: The Black Swan. The Impact of the Highly Improbable, New York 2007, S. 50.
29 Grundlegend zum Framing siehe Robert Entman: Framing: Toward a Clarification of a Fractured Paradigm, in: Journal of Communication 43 (1993), S. 51–58.
30 Video-Statement von Donald Trump bei Fox News vom 13.12.2020, eigene Übersetzung.
31 Thomas E. Nelson/Rosalee A. Clawson/Zoe M. Oxley: Media Framing of a Civil Liberties Conflict and Its Effect on Tolerance, in: The American Political Science Review 91 (1997), S. 567–583.

32 Varda Liberman/Steven M. Samuels/Lee Ross: The Name of the Game: Predictive Power of Reputations versus Situational Labels in Determining Prisoner's Dilemma Game Moves, in: Personality and Social Psychology Bulletin 30 (2004), S. 1175–1185.

33 Kiju Jung/Sharon Shavitt/Madhu Viswanathan/Joseph Hilbe: Female Hurricanes are Deadlier than Male Hurricanes, in: Proceedings of the National Academy of Sciences 111 (2014), S. 8782–8787.

34 John Locke: An Essay Concerning Humane Understanding, London 1690, Buch 2, Kapitel 8, Sektion 21.

35 Modellrechnung von Prof. Klaus Jaeger von der Freien Universität Berlin, zitiert in: https://www.wiwo.de/finanzen/vorsorge/staatlich-gefoerderte-altersvorsorge-die-riester-luege/5210054.html (letzter Zugriff am 20.12.2020).

36 Robert M. Entman: Representation and Reality in the Portrayal of Blacks on Network Television News, in: Journalism Quarterly 71 (1994), S. 509–520; Travis L. Dixon/Daniel Linz: Overrepresentation and Underrepresentation of African Americans and Latinos as Lawbreakers on Television News, in: Journal of Communication 50 (2000), S. 131–151.

37 Laura T. Sweeney/Craig Haney: The Influence of Race on Sentencing: A Meta-Analytic Review of Experimental Studies, in: Behavioral Sciences and the Law 10 (1992), S. 179–195.

38 Irene V. Blair/Charles M. Judd/Kristine M. Chapleau: The Influence of Afrocentric Facial Features in Criminal Sentencing, in: Psychological Science 15 (2004), S. 674–679.

39 Paul H. Thibodeau/Lera Boroditsky: Metaphors We Think With: The Role of Metaphor in Reasoning, in: PLOS ONE 6 (2011), S. 1–11.

40 Wilbert A. Castellow/Karl L. Wuensch/Charles H. Moore: Effects of Physical Attractiveness of the Plaintiff and Defendant in Sexual Harassment Judgements, in: Journal of Social Behavior and Personality 5 (1990), S. 547–562.

41 Richard A. Kulka/Joan B. Kessler: Is Justice Really Blind? The Influence of Litigant Physical Attractiveness on Juridical Judgment, in: Journal of Applied Social Psychology 8 (1978), S. 366–381.

42 Die Excel-Datei findet man auf dieser Website des RKI zum Download: https://www.rki.de/DE/Content/InfAZ/N/Neuartiges_Coronavirus/Projekte_RKI/Nowcasting_Zahlen.html (letzter Zugriff am 20.12.2020).

43 Kurz erklärt von den beiden Mathematik-Professoren Silvia Schöneburg-Lehnert und Felix Otto unter: https://www.mpg.de/14803885/corona-mathematik-exponentielles-wachstum-verdopplungszeit (letzter Zugriff am 31.12.2020).

44 Prof. Hendrik Streeck im Interview mit NTV, abrufbar unter https://www.n-tv.de/wissen/Hatten-bislang-nie-exponentiellen-Anstieg-article22066787.html (letzter Zugriff am 31.12.2020).

45 Die Excel-Datei dazu findet man auf dieser Website des RKI zum Download: https://www.rki.de/DE/Content/InfAZ/N/Neuartiges_Coronavirus/Testzahl.html (letzter Zugriff am 31.12.2020).

46 So auch der Virologe Prof. Hendrik Streeck in einem *Focus*-Beitrag, abrufbar unter https://www.focus.de/magazin/kurzfassungen/focus-08-2021-virologe-streeck-fuer-kontrollierten-gastronomiebetrieb-orientierung-an-der-zahl-der-neuinfektionen-hat-keine-wissenschaftliche-grundlage_id_12999856.html (letzter Zugriff am 20.02.2021)

47 Täglicher Lagebericht des RKI vom 31.12.2020, abrufbar unter https://www.rki.de/DE/Content/InfAZ/N/Neuartiges_Coronavirus/Situationsberichte/Dez_2020/2020-12-31-de.pdf? __blob=publicationFile (letzter Zugriff am 02.01.2021).

48 Statista Research Department, abrufbar unter https://de.statista.com/statistik/daten/studie/156902/umfrage/sterbefaelle-in-deutschland/ (letzter Zugriff am 31.12.2020).

49 Statista-Daten, abrufbar unter https://de.statista.com/statistik/daten/studie/185/umfrage/todesfaelle-im-strassenverkehr/ (letzter Zugriff am 31.12.2020).

50 Statista-Daten, abrufbar unter https://de.statista.com/statistik/daten/studie/405363/umfrage/influenza-assoziierte-uebersterblichkeit-exzess-mortalitaet-in-deutschland/ (letzter Zugriff am 31.12.2020).

51 Prof. Göran Kauermann, zitiert im Artikel »Statistiker zieht Corona-Bilanz: Trotz Pandemie gab es 2020 keine Übersterblichkeit« bei *Focus Online* vom 06.02.2021, abrufbar unter https://www.focus.de/gesundheit/news/ueber-57-000-corona-tote-in-deutschland-statistiker-erklaert-trotz-corona-gab-es-keine-uebersterblichkeit-in-deutschland_id_12941412.html (letzter Zugriff am 15.02.2021).

52 Zahlen des Statistischen Bundesamtes, abrufbar unter https://www.destatis.de/DE/Themen/Gesellschaft-Umwelt/Gesundheit/Todesursachen/todesfaelle.html

53 Diese Zahl bezieht sich auf das Jahr 2018, siehe den »Tabakatlas 2020«, abrufbar unter https://www.dkfz.de/de/tabakkontrolle/download/Publikationen/sonstVeroeffentlichungen/Tabakatlas-Deutschland-2020.pdf?m=1606813115& - S. 54 (letzter Zugriff am 31.12.2020).

54 Diese Zahl bezieht sich auf Alkoholkonsum allein und auf den Konsum von Alkohol zusammen mit Tabak, Quelle: Bundesgesundheitsministerium, abrufbar unter https://www.bundesgesundheitsministerium.de/service/begriffe-von-a-z/a/alkohol.html (letzter Zugriff am 31.12.2020).

55 Ayanna K. Thomas/Peter Millar: Reducing the Framing Effect in Older and Younger Adults by Encouraging Analytic Processing, in: The Journals of Gerontology, Series B: Psychological Sciences and Social Sciences 67 (2011), S. 139–149.

56 Robert B. Cialdini: Influence: The Psychology of Persuasion, New York 1984. Die Seitenzahlen beziehen sich auf die First Collins Business Essentials edition von 2007.

57 Ebenda, S. XV.

58 Ebenda, S. XIV.

59 Robert Cialdini: Pre-Suasion: A Revolutionary Way to Influence and to Persuade, New York 2017, S. 11.

60 Ebenda, S. 171.

61 Die Begriffe »positive« und »negative Reziprozität« sind entliehen aus Ernst Fehr/Simon Gächter: Fairness and Retaliation: The Economics of Reciprocity, in: Journal of Economic Perspectives 14 (2000), S. 159–181.

62 Phillip Kunz/Michael Woolcott: Season's Greetings: From My Status to Yours, in: Social Science Research, Band 5 (1976), S. 269–278.

63 Kathi L. Tidd/Joan S. Lockard: Monetary Significance of the Affiliative Smile: A Case for Reciprocal Altruism, in: Bulletin of the Psychonomic Society 11 (1978), S. 344–346.

64 Paul W. Paese/Debra A. Gilin: When an Adversary is Caught Telling the Truth: Reciprocal Cooperation Versus Self-Interest in Distributive Bargaining, in: Personality and Social Psychology Bulletin 26 (2000), S. 79–90.

65 Ebenda.

66 Mehr zu Mitleidsargumenten bei Jachtchenko: Dunkle Rhetorik, a. a. O. (Anm. 13), S. 82f.

67 Cialdini: Influence: The Psychology of Persuasion, a. a. O. (Anm. 56), S. 53.

68 Denise Mack/David Rainey: Female Applicants' Grooming and Personnel Selection, in Journal of Social Behavior and Personality 5 (1990), S. 399–407.

69 Daniel E. Hamermesh/Jeff E. Biddle: Beauty and the Labor Market, in: The American Economic Review 84 (1994), S. 1174–1194.

70 John E. Stewart II: Defendant's Attractiveness as a Factor in the Outcome of Criminal Trials, in: Journal of Applied Social Psychology 10 (1980), S. 348–361.

71 G.H. Smith/R. Engel: Influence of a Female Model on Perceived Characteristics of an Automobile, zitiert nach Cialdini, Influence, a. a. O. (Anm. 56), S. 191.

72 Robert Sapolsky: Behave. The Biology of Humans at Our Best and at Our Worst, New York 2018, S. 371.

73 Silke Bartsch: What sounds beautiful is good? How employee vocal attractiveness affects customer's evaluation of the voice-to-voice service encounter, in: Bernd Stauss (Hrsg.): Aktuelle Forschungsfragen im Dienstleistungsmarketing, Wiesbaden 2008, S. 45–68.

74 Siehe z. B. T. Bradford Bitterly/Maurice E. Schweitzer: The Impression Management Benefits of Humorous Self-Disclosures, in: Organizational Behavior and Human Decision Process 151 (2019), S. 73–89.

75 Ebenda.

76 Cialdini, Influence, a. a. O. (Anm. 56), S. 205.

77 Jessica M. Nolan/P. Wesley Schultz/Robert B. Cialdini et al.: Normative Social Influence is Underdetected, in: Personality and Social Psychology Bulletin 34 (2008), S. 913–923.

78 Cabinet Office: Applying behavioural insights to reduce fraud error and debt (2012), abrufbar unter https://www.gov.uk/government/publications/fraud-error-and-debt-behavioural-insights-team-paper (letzter Zugriff am 31.12.2020).
79 Cialdini, Influence, a. a. O. (Anm. 56), S. 115.
80 Michael Platow/S. Alexander Haslam/Amanda Both et. al.: »It's not funny if they're laughing«: Self-categorization, social influence, and responses to canned laughter, in: Journal of Experimental Social Psychology 41 (2005), S. 542–550.
81 Videos bearbeitet von Jason Hellerman, abrufbar unter https://nofilmschool.com/Defense-of-the-laugh-track, (letzter Zugriff am 31.12.2020).
82 Solomon Asch: Effects of Group Pressure upon the Modification and Distortion of Judgements, in: Harold Guetzkow (Hrsg.): Groups, Leadership and Men, Pittsburgh 1951, S. 177–190.
83 Stanley Milgram: Nationality and Conformity, in: Scientific American 105 (1961), S. 45–51.
84 Cialdini, Influence, a. a. O. (Anm. 56), S. 160.
85 Stanley Milgram: Behavioral Study of Obedience, in: The Journal of Abnormal and Social Psychology 67 (1963), S. 371–380.
86 Robert B. Cialdini: Harnessing the Science of Persuasion, in: Harvard Business Review (October 2001), S. 72–79.
87 Leonard Bickman: The Social Power of a Uniform, in: Journal of Applied Social Psychology 4 (1974), S. 47–61.
88 Monroe Lefkowitz/Robert R. Blake/Jane S. Mouton: Status Factors in Pedestrian Violation of Traffic Signals, in: The Journal of Abnormal and Social Psychology 51 (1955), S. 704–706.
89 Cialdini, Influence, a. a. O. (Anm. 56), S. 230–232.
90 Joseph Schwarzwald/Aharon Bizman/Moshe Raz: The Foot-in-the-Door Paradigm. Effects of Second Request Size on Donation Probability, in: Personality and Social Psychology Bulletin 9 (1983), S. 443–450.
91 Cialdini, Influence, a. a. O. (Anm. 56), S. 111.
92 Stephen Worchel/Jerry Lee/Akanbi Adewole: Effects of Supply and Demand on Ratings of Object Value, in: Journal of Personality and Social Psychology 32 (1975), S. 906–914.
93 Siehe etwa Luigi Mittone/Lucia Savadori: The Scarcity Bias, in: Applied Psychology 58 (2009), S. 453–468.
94 Scott Highhouse/David Beadle/Andrew Gallo et al.: Get 'em While They Last! Effects of Scarcity Information in Job Advertisements, in: Journal of Applied Social Psychology 28 (1998), S. 779–795.
95 Kristina M. Durante/Vladas Griskevicius/Jeffry A. Simpson et al.: Sex Ratio and Women's Career Choice: Does a Scarcity of Men Lead Women to Choose Briefcase Over Baby?«, in: Journal of Personality and Social Psychology 103 (2012), S. 121–134.
96 Worchel/Lee/Adewole: Effects of Supply and Demand on Ratings of Object Value, a. a. O. (Anm. 92), S. 910.

97 Das 4-Farben-Modell ist eine Vereinfachung des heute weitverbreiteten DISG-Modells. Die Anfangsbuchstaben stehen für die vier Grundtypen Dominanz, Initiative, Stetigkeit, Gewissenhaftigkeit und werden im 4-Farben-Modell als Rot, Gelb, Grün und Blau dargestellt. John G. Geier machte im Jahr 1979 das DISG-Modell zu einem Persönlichkeitstest. Die vier genannten Grundtypen stammen ursprünglich von William M. Marston, der sie bereits 1928 aufstellte. In der Wirtschaft, insbesondere bei der Personalauswahl, erfreuen sich diese Modelle seit geraumer Zeit großer Beliebtheit. So ist es auch nicht verwunderlich, dass es mittlerweile viele kommerzielle Anbieter für solche Persönlichkeitstests, wie zum Beispiel das Insights MDI® der Scheelen AG, gibt. Von der Forschung werden diese Persönlichkeitstests ständig kritisiert. Auch ich bin kein Freund davon, auf Selbstangaben basierende Persönlichkeitstests bei der Personalauswahl und -entwicklung einzusetzen. Doch für unsere Zwecke, sich in kurzer Zeit dem Charakter des Gegenübers schnell anpassen zu können, ist das 4-Farben-Modell ein wunderbares Instrument.

98 Karen E. Jacowitz/Daniel Kahneman: Measures of Anchoring in Estimation Tasks, in: Personality and Social Psychology Bulletin 21 (1995), S. 1161–1166.

99 Ebenda.

100 John M. Malouff/Nicola S. Schutte: Shaping Juror Attitudes: Effects of Requesting Different Damage Amounts in Personal Injury Trials, in: Journal of Social Psychology 129 (1989), S. 491–497.

101 Siehe etwa Dan Orr/Chris Guthrie: Anchoring, Information, Expertise and Negotiation: New Insights from Meta-Analysis, in: Ohio State Journal on Dispute Resolution 21 (2006), S. 597–628.

102 Gregory B. Northcraft/Margaret A. Neale: Experts, Amateurs and Real Estate: An Anchoring-and-Adjustment Perspective on Property Pricing Decisions, in: Organizational Behavior and Human Decision Process 39 (1987), S. 84–97.

103 Duane T. Wegener/Richard E. Petty et al: Implications of Attitude Change Theories for Numerical Anchoring: Anchor Plausibility and the Limits of Anchor Effectiveness, in: Journal of Experimental Social Psychology 37 (2001), S. 62–69.

104 Adam Galinsky/Thomas Mussweiler: First Offers as Anchors: The Role of Perspective-Taking and Negotiator Focus, in: Journal of Personality and Social Psychology 81 (2001), S. 657–669.

105 Chris Janiszewski/Dan Uy: Precision of the Anchor Influences the Amount of Adjustment, in: Psychological Science 19 (2008), S. 121–127.

106 Robert B. Cialdini/John T. Cacioppo/Rodney Bassett/John A. Miller: Low-Ball Procedure for Producing Compliance: Commitment then Cost, in: Journal of Personality and Social Psychology 36 (1978), S. 463–476.

107 Charles G. Lord/Mark R. Lepper/Elizabeth Preston: Considering the Opposite. A Corrective Strategy for Social Judgement, in: Journal of Personality and Social Psychology 47 (1984), S. 1231–1243.

108 Galinsky/Mussweiler; First Offers as Anchors, a. a. O. (Anm. 104), S. 661

109 Für eine einfache Darstellung zum Thema Anker in NLP siehe Romilla Ready/Kate Burton: Neuro-linguistic Programming for Dummies, Chichester 2015, S. 159–174.

110 Birgitta Höijer: Emotional anchoring and objectification in the media reporting on climate change, in: Public Understanding of Science 19 (2010), S. 717–731.

111 Chris Voss im Interview bei Lewis Howes, School of Greatness Podcast, Episode 902, abrufbar unter https://lewishowes.com/podcast/the-art-of-negotiating-in-business-and-life-with-former-fbi-agent-chris-voss-podcast/ (letzter Zugriff am 31.01.2020).

112 Cialdini, Influence, a. a. O. (Anm. 56), S. 15f. (gekürzte Fassung, eigene Übersetzung).

113 Natürlich ist die Nutzung der Emotionen in der Kommunikation nichts Neues. Bereits Aristoteles hat in seiner *Rhetorik* (Buch II) ausgeführt, wie der Redner Emotionen wie Zorn, Sanftmut, Furcht, Scham, Mitleid, Neid und andere Gefühle nutzen kann, um das Publikum zu überzeugen. Neben *logos* (Argumenten) und *ethos* (Reputation des Redners) war das *pathos* (Emotionen) das dritte Überzeugungsmittel eines Orators. Das emotionale Ankern erscheint in diesem philosophischen Licht fast eine Fußnote zu dem über 2.000 Jahre alten Buch zu sein. Jedoch ist das emotionale Ankern in der Wirksamkeit nicht zu unterschätzen.

114 François de La Rochefoucauld: Réflexions ou sentences et maximes morales (1664).

115 Roger Fisher/William Ury: Getting to Yes: Negotiating an Agreement without Giving in, New York 1999.

116 Ebenda, S. 49f.

117 Ebenda, S. 39.

118 Ebenda, S. 81.

119 Zur Spannung zwischen »den Kuchen vergrößern« (»creating value«) und »den Kuchen teilen« (»claiming value«) siehe etwa David A. Lax/James K. Sebenius: 3D Negotiation. Powerful Tools to Change the Game in Your Most Important Deals, Boston 2006, S. 131ff.

120 Fisher/Ury: Getting to Yes, a. a. O. (Anm. 115), S. 89.

Das beschäftigt alle Eltern

Isabelle Liegl, engagierte Mutter von zwei Söhnen, spricht vielen Eltern aus der Seele, wenn sie konkrete Probleme unseres Schulsystems analysiert und benennt. Aber sie geht weiter und setzt diesen ihren lösungsorientierten und ganzheitlichen Ansatz entgegen. Eine innovative Schule mit Weitsicht vermittelt Kreativität und Sprachkompetenz, fördert Stärken ebenso wie Selbstdisziplin und begreift sich selbst als Lebensraum, in dem unsere Kinder an sich selbst wachsen können. Fangen wir endlich damit an!

Isabelle Liegl
SCHULE – Darf's auch etwas mehr sein?
256 Seiten * ISBN 978-3-7844-3583-1
Auch als E-Book erhältlich

langenmueller.de